有機農業でつながり、地域に寄り添って暮らす

岐阜県白川町　ゆうきハートネットの歩み

荒井 聡・西尾 勝治・吉野 隆子 編著

ゆたかなむらづくり総理大臣賞受賞説明後の集合写真
後列左から、加藤智士　椎名啓　岩見康司
中列左から、加藤敦美　児嶋健　高谷裕一郎　塩月祥子　伊藤和徳
前列左から、西尾勝治　佐伯薫　中島克己

筑波書房

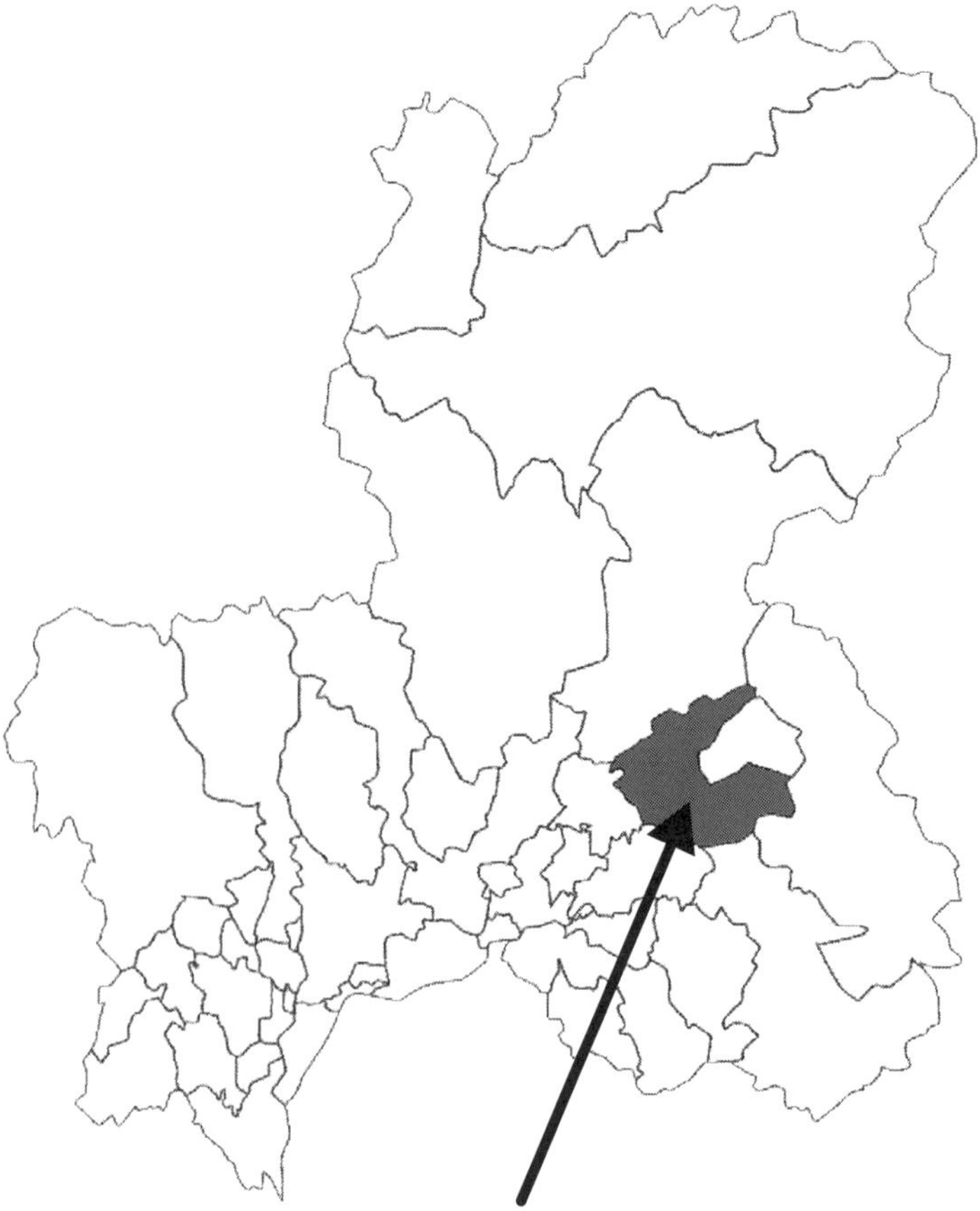

岐阜県加茂郡白川町

まえがき

白川町は、岐阜県の中南部にある加茂郡の東部に位置し、町面積の88％を森林が占める典型的な山村地域である。同町は「増田レポート」（２０１４年）では、岐阜県で第一位の「消滅可能性都市」とされ、発表当時は衝撃が走った。ところが白川町では、２００７年から現在まで、18戸50名の有機農業での就農（移住）者を受け入れている。ほとんどが青年Iターン者と、その家族である。

移住先は、地域で先行して有機農業が営まれていた同町黒川地区、佐見地区である。同町では名古屋市の消費者との交流・連携を通じて、１９８９年頃から減農薬栽培を開始し、その後有機農業への取り組みへと発展させてきた。山間地域の地形は急峻で、圃場は狭隘、農業経営規模も小さい。平地農村のような「規模の経済」の追求では、農業・農村の活性化は図られない。そこで山間地域の特性を活かし、環境と共生する有機農業に活路を見出してくる。黒川地区の40～50歳代の農業者10名で、有機農業の技術研修と交流を目的として任意組織「ゆうきハートネット」を１９９８年に立ち上げた。有機農業を志す仲間同士の勉強会を重ねて有機の里づくりを進め、林業不況のなかで苦境にある「ヒノキの町」を再生し、町の活性化を図ろうとした。

それは名古屋市を中心とする都市の消費者との取引・交流・連携の広がりのなかで、次第に活動の幅が広がってくる。木曽川流域の自給圏を想定したトラスト活動へも連動し、流域の環境保全と食の安全をともに目標とする組織が形成されてくる。また名古屋市中心部の栄オアシス21に２００４年に新設された「オアシス21オーガニックファーマーズ朝市村」において有機農産物が販売開始されるなど、有機農業を展開する条件が整備されてくる。同朝市は生産者と消費者との交流の場ともなり、また有機農業による新規移住就農者の受け入れ仲立ちの場としても機能してくる。道路網の整備により都市へのアクセスが改善され、白川町から名古屋市までは、1時間半程度でアクセス可能となったことも追い風ともなった。

また有機農業推進法の制定（２００６年）により、地域への有機農業の認知度が高まり、行政支援が強化されてくる。白川町で地域有機農業推進事業が採択され、町と「ゆうきハートネット」とのコラボにより有機農業振興のためのソフト・ハード事業に取り組むこととなった。「ゆうきハートネット」は、有機農業技術研修、会員同士の交流に加え、消費者との交流、有機農産物の販路確保、さらには有機農業の新規参入者の受け入れへと活動の幅を広げてくる。また名古屋市を拠点として活動する「オアシス21オーガニックファーマーズ朝市村」などとの連携により有機農産品の販路を確保し、かつ新規就農希望者を継続して受け入れてきた。そして有機農業研修施設の運用主体となるべく、２０１１年に同組織を法人化した。

こうしたなかで白川町の有機農家が指南役となり、新規就農者を迎え入れてきた。ゆうきハートネット会員らの活動を通じて、有機農業での新規就農者の移住・定住が円滑に進んだ。子どもがいなかった山村集落で、子どもが誕生している。山村地域に脈々として受け継がれてきた結の精神で、若い移住者家族を迎え入れている。また、移住青年農業者は、地域において重要な役割を果たすようになってきている。

このように白川町は過疎化が進行する山間地域にありながら、有機農業を目指す青年が移住する町へと展開してきている。移住者による新しい有機の里づくり、新しい山村地域作りが始まっている。本書では、白川町での有機農業の里づくりの歩みをふりかえることで、今後の地域農業と農村の新たな在り方を模索していく。白川町の有機農業の振興を主導してきた当事者が本書の執筆者となっている。これは類書ではあまり見られない大きな特徴である。

本書はⅢ部構成である。第Ⅰ部「有機農業が広がる仕組みをつくる」では、文字通り白川町の有機農業の仕組みを作ってきたと言っていい「ゆうきハートネット」「オアシス21オーガニックファーマーズ朝市村」の活動が中心的に紹介される。第1章では、白川町で「ゆうきハートネット」事務局長を長年務めてきている西尾勝治氏により、白川町の有機農業の歩み、関連する団体との連携の広がりの内容などが紹介される。次いで第2章は「オアシス21オーガニックファーマーズ朝市村」の創設以来、村長として活動してきた吉野隆子氏による論考が収録される。同朝市での有機農産物販売、生産者と消費者との交流、有機農業による移住就農者の受け入れへの展開状況などが紹介される。両論考により白川町において有機農業が展開する過程と仕組みがまとめられる。

第Ⅱ部「移住就農青年による有機農業経営と地域づくり」では、白川町に移住し、地域に溶け込んで有機農業を営んでいる4名の若手農家の実践的な論考（3～6章）を収録する。4名はともにサラリーマンであったが、脱サラし、2010～15年にかけて白川町へと移住し有機農業経営を開始した。ともに現在「ゆうきハートネット」の理事・監事を務めており、白川町の新しい有機農業と地域づくりのキーマンともなっている。彼らは既にSNSなどで自らの経営の情報発信を行ってきているが、ここでは白川町への移住の動機、有機農業経営の実際、地域での活動の状況など、有機農業と地域との関り全般をそれぞれの生の声で紹介していく。そして補論として、4名の移住就農に深く関わった西尾氏、吉野氏から、それぞれへのコメントも収録した。

第Ⅲ部は、白川町有機農業に若干関わりのある研究者による「要約と解説」（7章、あとがき）を収録した。筆者と白川町の付き合いは、2008年県の集落営農調査事業から始まった。岐阜県中山間地域のなかでも白川町は集落営農の組織化が進んだ地域であった。農協機械化銀行の取り組みなど、早くから町をあげて機械の共同利用に取り組むなど「結」の精神で地域農業の維持が試みられてきた。そして2011年には小規模高齢化集落での集落営農組織化支援事業に関わり、棚田地区である同町佐見地区室山集落の将来の農業を考える機会が与えられた。狭隘な圃場条件のなかで容易に展望は見いだせなかったが、素晴らしい景観と豊かな自然条件は印象に残った。その2年後に同地区で椎名氏家族が、有機農業で新規参入することになった（第5章）。同年、インドネシア西スマトラ島の有機稲作を研究する留学生とともに、西尾氏のもとを訪れ、白川町有機農業について研修を受けたことが同町の有機農業とかかわりを持つ直接的なきっかけとなった。また名古屋市に拠点がある「地域と協同の研究センター」の研究会活動の中で同町や吉野氏との交流の機会が得られた。

こうしたなか、2017年夏に福島県喜多方市熱塩加納で開催された『有機農業と地域づくり　会津・熱塩加納の挑戦』（筑波書房2017年）出版記念会での中島紀一氏、鶴見治彦氏らとの懇談が本書誕生のきっかけとなった。白川町有機の里づくりのような「輝く」を本として順次取りまとめることが構想された。ご両名には2019年夏の白川町現地打ち合わせにもお付き合いいただき、また本書編集にあたっても貴重なアドバイスをいただいている。中島氏には本書を企画いただき、鶴見社長には出版事情厳しいなかで、本書の出版を快諾いただいた。ご協力いただいたすべての方に、記して感謝申し上げる。

コロナ禍にあって田園回帰志向は強まり、また低投入の有機農業、家族農業の価値もあらためて見直されている。その折、本書が有機農業による地域づくりに関心のある方々に広く参考いただくことができれば幸いである。

２０２１年２月

荒井　聡

目次

第Ⅰ部　有機農業が広がる仕組みをつくる

第1章　ゆうきハートネットによる有機農業の振興と新規就農者の受け入れ
――NPO法人ゆうきハートネット・西尾フォレストファーム

西尾　勝治

1　ゆうきハートネット団体立ち上げのころ

白川町は面積の88％が森林でおおわれ、そこで産出されるヒノキ材は銘柄材「東濃ヒノキ」として高い評価を受ける中で、林業及び木材生産に係る産業が盛んな町であった。しかし経済のグローバルが進み、安い外材が入るとともに住宅建築の多様化が進む中で、良質でも価格の高い東濃ヒノキの需要は減っていく。材価の低迷と、もう一つの基幹作物である白川茶も大衆の嗜好の変化の中で衰退が止まらない。そんな中、町内の意欲的農家の集まりの中から、有機農業の将来性とその持続可能性を期待して、有機農業の推進で農業及び町の活性化を図るためとして任意の団体「ゆうきハートネット」が１９９８年に結成された。

結成後しばらく後に入会した私にとっての疑問は、それにしても片田舎の百姓仲間が、当時としては先進的な有機農業にいかに思い至ったのか。私の中で疑問に残っていたが、やはりルーツはあった。

我々の先輩農家の主婦を中心に都市の消費者グループとつながり、農産物や加工品を、流通を通さないで直接取引するいわゆる産直運動だ。1990年頃名古屋市内の消費者グループや団体が、白川町や隣村の東白川村を訪れて無農薬栽培の野菜やお茶、加工品の味噌などを農協や市場を通さず直接取引するために訪問し、農家の主婦のグループから無農薬野菜やみそなどの加工品を求めて取引を行っていた。その動きの中から有機野菜や穀類を扱う組織として由利厚子さんが「くらしを耕す会」を立ち上げ、白川町の農家に働きかけるようになる。

(1) 佐見地区の郷蔵米生産組合と中島克己氏(ゆうきハートネット初代会長)

郷蔵米生産組合は、当初組合を立ち上げた中島克己氏の思いである豊かな生き物の生息するたんぼの回復と、都市消費者の減農薬による安全な米の購入希望とが折り合う中で発足し、以後20年以上を経過しながら新たな若手として移住生産者を加えて継続している。

発足当初は減農薬で佐見成山地区の水田のほぼ8割にあたる約7haで耕作され、合鴨による無農薬栽培と併せて都市消費者(くらしを耕す会)と提携して減農薬による栽培が始まった。中島氏の田んぼの生き物に対する熱い語り口や、ホタル見学会では農薬を使った慣行田との違いを実際に見るなどして会員の信頼を高めていった。

米の販売価格が慣行米の2倍するにもかかわらず、2019年産の飯米は需要に追い付かず、受入れ先のくらしを耕す会では会員の需要にこたえるために、ほかの生産者に声をかけざるを得ない状況となっている。体験交流などを通しての顔の見える関係を築く中で、20年以上を経た今も会員の信頼は厚いものがある。

新たに加わった若手の生産者は、近くの限界集落にある棚田（20ａが12枚に広がる）を高齢でリタイアした農家から引き継いだが、一人ではとても維持がむつかしい。都市の仲間に呼びかけて田んぼトラストを結成。田植えから収穫までの協力を受ける中で、棚田のきれいで豊かな景観を保存しながら、手植えによる田植えと、はさ掛け収穫を続けている。

（2）大豆畑トラスト

２０００年頃からアメリカ産の大豆が遺伝子組み換え種子にかえられ、輸入大豆の大半が組み換え大豆となる中で、安全な大豆を求める生産者と消費者の提携により、国産大豆の生産運動、すなわち大豆畑トラスト運動が展開されていた。

中部圏でも消費者組織の会員の中から、自分たちは遺伝子組み換え大豆は食べたくない、安全な大豆を作ってほしい、という要望が白川町の生産者にも伝えられていた。当時「くらしを耕す会」の由利厚子代表が主導する

写真１　成山有機マップ

形で、ほかの消費者グループ「中部よつ葉会」や「土こやしの会」に呼びかけて、大豆畑トラスト組織が立ち上げられることになる。その名も「流域自給をつくる大豆畑トラスト」。既存のグローバル化したフードシステムを排して、農家と消費者、農村と都市とが連携して地産地消を進めるとする彼女のミッションを体現するかのような名称である。木曽川流域に暮らす下流域の消費者が、上流域の有機農家の生産活動を買い支えるCSAの先駆けでもあったと思う。

運営システムとしては生産者の畑5坪について1口3000円を募集、大豆播種前に投資することにより、収穫後その土地からとれた大豆を受け取る仕組みである。一時は会員も300名を超え1000口以上の募集口数になったこともある。この取り組みの中で、白川町黒川地区で代々受け継がれてきた伝統大豆品種を発掘できた成果は大きい。以後「福鉄砲」の名称で完熟大豆のほか枝豆として出荷、人気を集め知名度を高めている。

途中から事務局機能を生産者側が受け継いだ。結成から20年を経て、結成当時各地でさかんに沸き起こった大豆畑トラスト組織の大半が活動停止または休止する中、通信「まめばたけ」を通して生産者から活発なメッセージが送られる。それに対する会員からの便りに励まされながら、大豆生産を続けている。最近は新規就農者を迎えて大豆以外の作物や有機の加工品も加えることにより、就農したばかりで販売先の少ない新規就農農家の経営の安定化にも寄与している。

（3）はさ掛けトラスト

2006年頃になると会員の有機稲作技術も向上し安定した生産ができるようになる中で、販路開拓の必要に迫られるようになってきた。同じ頃、無農薬栽培の稲わらを求める建築デザイナーとのマッチングから、はさ掛けトラストは生まれた。住宅壁を稲わらにすることで、断熱性を高め快適な住居を作る方式のストローベイルハウスは、日本でも建築の試みが見られてきたが、材料の稲わらに農薬が入ってはいけない。ストローベイルハウスの普及や、建築を試みていた建築デザイナーの塩月氏は、名古屋市内で有機のファーマーズマーケットを主宰する吉野村長に相談したところ、ゆうきハートネットの私を紹介されることになる。とりあえず大豆畑トラストの様式に合わせて塩月夫妻が事務局をたち上げた。米20kgを1口として予約し、収穫後に受け取るもので、黒川地区の有機稲作農家が生産する。

　その後何度か生産者との相談で白川町黒川地区を訪れるうち、その景観とそこに住む人々が

写真2　はさ掛けトラスト

気に入ってしまい、白川町への移住を決意。自らも移住後数年をかけて念願のストローベイルハウスを建ててしまった。

現在塩月夫妻は事務局として活躍する傍ら、地域に残る地歌舞伎小屋「東座（あずまざ）」を活用して、アーティストによる地域の人たちとの交流プログラム「東座アーティストインレジデンス」を、一般社団法人を立ち上げて運営している。

2　有機稲作の開始

組織としてゆうきハートネットを立ち上げたものの、有機農業の実践は一部にとどまり、しばらくは外部講師を招いた講演会と会員同士の飲み会で終わる状態が続いていた。2004年頃から「ゆうき」を名乗るからには、その実践を求める声が会員の中から上がる。とりあえず共通の基軸作物である水稲栽培から取り組むこととして勉強会が始まった。当時有機稲作の普及のため活動していたNPO法人「民間稲作研究所」代表の稲葉光國氏の書かれた書籍をテキストとして、研修が始まった。民間稲作研究所の研修会に参加した会員を中心に座学をした後は実習だ。種モミの塩水選と温湯浸漬、その後の苗箱播種までは共同で、各自が持ち帰った苗箱の管理については、互いの情報交換をする中で基本技術をマスターしていった。

その当時、農協主導による稲作の機械化とマニュアル化が進む中、我々の米つくりに対する意識も希薄になっていた。それに対して種もみの塩水選から始まる苗作りは、昔親たちがやっていた米つくりの手法を再現するものである。今まで見えてこなかった田んぼの風景や土の状態、そこに生息する虫やオタマジャクシなどが気になるようになってきた。田んぼに足を運ぶ機会が多くなる中で、少しは百姓の感性には近づいてきたと思うことがある。

3　有機農業推進法の成立からモデルタウン事業申請〜四つの事業遂行

２００６年末、国会で全党合意によって有機農業推進法が可決されたことにより、我々の活動にとって風向きが変わる局面となった。従来、行政・農協側から異端視されていた活動を堂々と主張し、実行できることにより、会員のモチベーションは大いに高まった。

法の成立を受けて農水省から出された有機農業推進モデルタウン事業には、２００９年度から応募した。推進活動のためのソフト事業と、その研修施設建設のためのハード事業を共に申請し、ともに承諾されることになる。ハード事業としては佐見地区に、研修宿泊用として１００㎡一部ロフト２階建て、1階に長期研修生用個室、2階に10名程度の訪問者用大部屋と研修部屋を備えて２０１０年に完成した。

その後は任意の団体だった組織をＮＰＯ法人に替え、社会的責任を意識した団体として登録した。以後は、岐阜県の「緊急雇用対策事業」として支援を受けて、町内での就農を促すために研修生を受け入れたり、周辺の有機農家で農の雇用制度を活用して実習する若者の拠点として利用され、これまで10数名の利用者が町内や周辺の町村で独立就農している。

ソフト事業では、２００９（平成21）年度以後4年間、３００万円の支援金を受けながら4つの事業を進めてきた。事業内容としては①有機農業の生産と販売の技術の習得、②消費者との交流により有機農法及び生産物への理解を深める、③作った農産物の販売促進、④有機農業での就農を目指す希望者への住宅と農地の紹介、就農支援。以上の活動は順調に進められたが、特に新規就農者に関しては予想以上の成果を上げることができた。結果として２０１１年から２０１７年までの間に18件、家族を含めると50名の移住就農を迎えることができた。就農者の大半が30代の若者で、関東圏と中部圏の出身者が多い。比較的学歴が高く、元の企業でもエリート的存在だったことがうかがわれる。

(1) 技術研修

有機稲作技術の習得のために招聘した稲葉光國氏以降、多くの講師を招いての講演会は、年に多い時には数回にわたって行ってきた。宇根

写真３　研修施設　くわ山　結びの家

豊、橋本力男、大江正章、中島紀一氏などの諸先生方を招き、単に農業技術研修にとどまらず、農での生き方、地域おこしなどにわたって幅広い教示を提供していただいた。橋本氏の堆肥作り講座では、講演を機会に、翌年から1年間彼の研修講座に通学し、堆肥製造施設を作って有機堆肥を販売するほか、橋本氏の片腕として海外へのフィリピンへ技術指導に赴任する新規就農者もいる。

モデルタウン事業によって、有機農業研修や、国内先進地への視察の際に補助を受けることができ、その後の営農活動に大いに役立ってきた。

慣行農法では苗を購入して田植えをすることができるが、有機稲作では苗つくりから自らの手で始めなければならない。新規就農者にとっては不安の伴う作業になるが、ゆうきハートネットでは新規就農者を加えて、毎年先輩農家と共同で苗作りを行っている。種もみの塩水選から温湯消毒、さらに種まきまで一緒に行うことで、苗作りの失敗を回避することができる。もちろん先輩農家からは、その後の稲作の状況について、相談したり指導を受けることができる。

(2) 消費者との体験交流

都市の消費者が現地で実際に農業を体験することにより、日々の食料を作ることの意義と農業の大切さを理解してもらうこと、また、農への参入を試みている若者へのステップの提供などを期待して、消費者との体験交流を位置付けている。

①郷蔵米生産組合の体験交流

田植え、草取り、稲刈り体験のほか毎年秋の収穫を終えた後、メインイベントが待っている。郷蔵の秋の収穫祭では、生産者全員と名古屋から貸し切りバスで集まった消費者が研修交流施設「くわ山結びの家」で産消交流を行い、毎年１００名を超える参加者でにぎわう。各農家で作られた米の食味の投票審査や、なわない競争など多彩な行事で秋の一日を楽しんでいる。

また体験イベント以外の時期に会員が訪れ、「くわ山結びの家」に宿泊しながら農作業を手伝う体験も行われている。

②黒川椎茸組合の菌打ち体験授業

古くから良質の原木椎茸の産地として知られている黒川の椎茸組合は、毎年5月頃、地元の小・中学校の授業の中の菌打ち体験に、組合員で若手のゆうきハートネット会員が指導に当たっている。学校内の敷地でほだ木は熟成し、春に発生した椎茸は学校給食で生徒たちにふるまわれている。小中学校で体験した生徒の中には、「卒業後の将来は帰省して原木椎茸の生産に携わりたい」との心強い決意を授業で表明してくれる場面もあった。

③「足ル知ル生活」への協力

有機食品を主として扱う大手スーパーマーケット旬楽膳では、有機農業の推進を理念とする公益財団法人足ル知ル生活を運営している。この財団で年10回ほど、小学生を持つ家族の農体験イベントを行ってきた。従来中部地方の各地に出向いて行っていたイベントを、２０１８年からは白川町黒川地区に固定して有機稲作での種まき体験から田植え、田んぼの生き物調査、はさ掛けによる収穫までを柱に、植林、茶摘み、枝豆収穫などを行っているが、そのための機会と場所を提供するとともに、毎回会員が現地スタッフとして指導に協力している。

毎回15～16家族60名ほどの参加で、子供たちは苗の生育と米ができるまでを体験して知ることができる。

そのほかＪＡが毎年夏休みに都市部の小学生を集めて行う農体験イベントへの協力や、保育園児の芋ほり体験などにも積極的に対応している。

また若手の農家では、個々の農家が食育講座や農地を利用したワークショップなどを独自に企画し、白川町内を訪れての交流体験を行っているが、訪問者は年を経るごとに増加している。

(3) 販売促進事業

近年では有機食品を扱うスーパーマーケットや流通会社との取引が増加したものの、就農初期の有機農家の販売は多種類の野菜をつくって野菜セットとし、配達または宅配便で納入するか、公園などで行う単発のマルシェでの販売が大半だった。そんな中、名古屋の中心地、栄にある都市公園「オアシス21」で、有機農家が出店するファーマーズマーケット「朝市村」が開始され、我々にも呼びかけがあった。私が先に出店を開始したが、当初は客も少なく当然売り上げも少ないため、会員を誘っても出店をためらう状態が続いていた。開始して5年目頃からメディアでの紹介記事などで客数が増え、出店者も増加。今では登録する東海3県の農家60数軒の中で、白川町の農家は12軒を占めるようになってきた。出店者の増加と客の増加による相乗効果により、ファーマーズマーケットの年間売上高も伸びている。

①有機カタログギフト

2016年から塩月夫妻によって、町内で有機農業に携わる農家とそこで作られる農産物を紹介し販売につなげる、としてカタログギフト「里山からのおくりもの帖」が企画された。無薬養豚経営の豚肉をはじめ原木椎茸、棚田でできたはさ掛け米など、特徴のある農家と産物12軒が紹介されて販売につなげている。

②有機スーパーマーケットでの販売

2017年からは有機野菜を扱うスーパーマーケット「旬楽膳」との取引が始まった。ゆうきハートネットを窓口として、出荷する野菜及び加工品はトマト・里芋・原木椎茸・スナップエンドウ・ショウガ・ナス・人参・枝豆、加工品そして正月用しめ縄など。里芋は若手農家による共同生産共同出荷の体制をとる中で生産も効率化し、出荷額も急速に増加している。若手農家の中には従来の多品目少量生産のスタイルを転換、栽培品目を絞って生産効率を上げ、売上げを上げることで経営の安定化を進める動きもある。

会の立ち上げ当初は、今日のような新規就農による移住者の増加は意識してはいなかった。我々が有機稲作で自信を付けた頃から、あるいはオアシス21ファーマーズマーケット出店に本格的に取り組む頃から、就農相談や研修申し込みがふえてきた。

(4) 就農支援事業

当時も行政や農協などでは新規就農を目指す若者たちへの就農斡旋や研修指導を行っていたが、有機農業での就農を希望しても他の慣行作物（トマトやイチゴなど）を勧められるなど、当人にとっては不本意な状態が続く中、「有機農業で新規就農を」のフレーズは彼らの心に響いたと思う。最初はオアシス21ファーマーズマーケットでの相談会から移住就農に結びつくケースが多かったが、最近は就農した彼らのSNS発信やメディアを通して白川町の有機農業の存在を知り、研修就農を希望する若者が増えている。また岐阜県が主催する相談会「アグリチャレンジフェア」へは都度出展し、相談から移住就農に結びつくケースも出てきた。就農を希望する若者の3割は有機農業を希望するといわれているが、既存の相談会に有機農業の窓口の必要性を痛感する。

①二つの研修施設

研修生は研修施設を活用することにより、住居の心配をすることなく近隣の研修先に通うことができる。当初は佐見地区の「くわ山結びの家」だけしかなかったため、黒川地区の農家での研修では研修先へ通うのに片道30分を要した。黒川地区での研修希望が増える中、新たな研修施設開設を目指して古民家の改修費用の補助を町に要請したところ、町が地方創生事業に絡めて施設を作ることを応諾し、早速2018年3月完成した。木造2階建て、2階は研修生用の個室3部屋、1階には農産品加工のための厨房が用意され、保健所の許可により飲食提供をすることもできる。現在ワンデイカフェや居酒屋、若い母親たちの交流の場などにも使われている。また、集落支援員が常駐して地域住民の交流や外部への発信、訪れる人々への対応に追われている。

②住居と農地の紹介

町内で就農を希望する場合、設立時メンバーのコーディネーターとしての役割は大きい。新規就農希望者から移住の要望があると、町内各地区に点在する会員から情報が集まる。彼らは就農希望者を伴い、家の持ち主や地主を訪れる。農業委員や民生委員、区長経験者など地域で一定の人望がある紹介者であれば、貸す側も安心して同意することになる。近年行政側でも空き家バンクなどを立ち上げて紹介事業を進めているが、就農者が移住に至った事例のすべてが会員の紹介によるという事実からも、設立時メンバーの役割がわかる。白川町は4つの川沿いに広がる旧村佐見・黒川・蘇原・白川地区からなっているが、移住者のほとんどがゆうきハートネット会員のいる佐見・黒川地区に集中している。さらに有機農業での就農者を増やす上で、蘇原・白川地区への移住増が今後の課題でもある。

③就農受け入れ組織への参加

岐阜県では県内をいくつかの地域に分けて、各々の地域で行政・ＪＡなどと農業生産団体が協議会を設けて、新規就農者の受け入れと研修から就農までの一貫した応援体制を作っている。岐阜県では新規就農者を育成する組織を「あすなろ農業塾」と位置づけており、当地域では東白川村と合わせて「美濃白川就農応援隊」として県から認証された「あすなろ塾長」が担当する。ゆうきハートネットからは4名が県内で初めての「有機農業担当塾長」として登録され指導に当たり、協議会の取り組みが始まった2016年以降、毎年2～3名の研修生を指導している。

4　活動の結果

(1) 有機農業の推進

有機農業推進法ができてからすでに14年経過したが、全国的に有機農家及び農産物の占める割合が1%以下といわれる現状の中で、白川町では着実に増えている。有機稲作水田面積及び販売農家に占める有機農家の割合は5%を超えている。環境保全型農業支払い交付金の額を見てみると、団体受付になった2015年時の27万円から2020年は100万円を超えている。

耕作地の大半は水田であるため、稲作が一般的だった白川町では、大半の農家は、野菜は自給的に作るのみで、お茶と夏秋トマト以外の基幹的農作物はほとんどなかったといってよい。移住した若い有機農家の作る野菜は、現状では微々たるものかもしれないが、スーパーマーケットなどとの取引が増える中で大きく伸びる可能性がある。

（2）移住者の地域貢献

これまでゆうきハートネットが受け入れた移住者は、移住時は30代だったので、消防団に入団するよう誘い掛けが行われた。消防団は防災活動のみならず地域の行事や訓練に駆り出され、かなりの時間と労力を割くことになるが、全員が快く引き受けることにより地域の人々の信頼を勝ち取ることができた。同時に同世代の地域の若者たちとのつながりができたことも、定住していく上で副次的な産物になったと思う。

黒川奥新田地域は、標高も高く地区で最も山の奥にある集落だが、古くから獅子舞いの伝統芸能が残っている。住民の高齢化が進み、舞い手がいなくなる中、移住してきた二人の若い農家が引き受けることにより、継続することができた。集落のシンボルとして住民の結束に欠かせない神社の祭礼に、獅子舞いの奉納が継続される意義は大きい。黒川地域に残る歌舞伎小屋「東座」を拠点に地歌舞伎の伝統が残っているが、彼ら若い世代の移住者の参入で保存に貢献している。

若い家族の移住により、これまでに15名が町内で出生している。高齢所帯ばかりだった集落に子供の声が聞こえるようになると、人々の子供を見守り育てようとする機運がたかまり、集落の人たちが交流することで地域の活性化につながっている。

保育園や小学校では移住者の子弟の割合が増えてきた。学校統廃合などの問題が起こる中で、ＰＴＡとして積極的に発言する彼らに、役場としても一目置かざるを得ない状況も出てきている。行政が主宰してきた村おこし研究会「魅力発見塾」参加者の大半は移住者がしめ、行政へも積極的に提案している。

(3) 農地継承

今、昭和一桁生まれ世代の農家がリタイアする時期に差し掛かっているが、高度成長時代に都会へ出ていった子供は帰ってこないし農業を承継する意思もない。住家の前に広がる田畑を荒れたままにするのは忍び難いし、景観的にも問題である。移住した若者たちが継承することにより景観が保たれ耕作が続けられるのは、時代的にも渡す側と受け継ぐ側のマッチングがうまく行われた事例である。

ただし、町全体で見たとき、農家の高齢化が進む中、集落営農組織を作ることにより耕作地を維持しようとしているが、慣行農法で行うために有機農家は排除される。今のところ、農地の集積と機械化を進めることで耕作を維持しているが、構成員の高齢化は進むばかり。目前に迫る組織の崩壊が起こる前に、若い移住者農家をどのように組み込んでいくのかが課題である。

この問題については、ここ1年間ほどの間に二つの方向が出てきている。移住就農が盛んな佐見地区と黒川地区では集落営農法人化も進んでいるが、佐見地区では、法人組織の集約化を図ることで大型化することによりさらに経営効率を高めて存続を図ろうとしている。一方、黒川地区では3つの集落で法人化がなされているが、地区内の農業委員と若い移住農家が連携する動きが出てきている。このところのコロナ騒ぎの中で機会は制限されているが、2回ほど食事をとりながらの話し合いを持つことができた。今までは比較的優良な農地を集落営農組織が占有し、若い移住者は条件不利な農地を利用しなければならないといった状況が一般的だった。しかし集落の農地を維持し、次代へ引き継ぐために協同しながら管理の方法を探ろうとの動きが始まろうとしている。有機農法か慣行農法かにこだわることなく、ゆうきハートネットと地区内の集落営農組織が耕作地の維持と再生に向けて、個々の具体的な案件に対応しながら協力する方向が確認された。

また白川町からも、NPO法人ゆうきハートネット自体を農地保有適格法人として認証し、効率的に管理してはどうかという提案もなされている。若手による里芋畑の共同管理と出荷の実績を積み重ねることで検討していきたい。

5　今後の方向

農政は「攻めの農業」を進めるとして、担い手に土地を集積させ機械化・大規模化で効率を高め生産性を上げようとしているが、集積可能な平場ならともかく、白川町のような中山間地帯では限界がある。移住した若者たちも農業で「大きく儲けよう」とか、楽な高所得を期待しているわけではない。経営として成り立つ農業を生業としながら、裁量や時間の自由度が大きい「農的生き方」の中で自己実現をしようとしている。稲作を核としておのおの得意とする、あるいは興味のある分野で経営を複合化していく必要がある。農業の持つ教育力に着目して食育講座を年間スケジュールの中に組み込み、都市の消費者家族を呼び込むケース、昔から続いてきた農林複合経営に新技術を導入するケースなど、町の外から入って来た人でなければ気が付かない方法が出てくるだろう。

「攻め」の農業に対して、地域に根付いて家族を守り、地域を守り、そして食の安全を守る「守り」の農業を進める若い移住農家に期待を持っている。

〈資料１〉大豆畑トラスト「まめだより」から

みなさまへ

2013年度旬の枝豆をお届けします。

今年の夏は全国的に異常高温にみまわれたようですが、当地黒川も同様でいつもの夏はクーラー不要の我が家でもさすがにこたえました。日中は山へ入って木陰に涼を求めたり、こまめに庭に散水したりと工夫を凝らしたものですが、大豆にとっては高温が必要です。「豆つくるなら傍で火をたけ」と昔から言われてきましたが、大豆成分の窒素同化※には15度以上の高温が有効（10度上がれば効果は２倍になるとか）のようで、今年の出来はまずまずといったところ。「福鉄砲」特有の大粒の枝豆を実らせました。

さて「福鉄砲」なる名前の由来ですが、16年前大豆畑トラスト立ち上げの時期にさかのぼります。皆で地場産の大豆品種を探していたところ、母親が代々続くよい品種を持っているとの仲間の話からこの種に決定。当時この地方で一般に作られていた品種は「中鉄砲」でしたので母親の福代さんの名前を頂いて「福鉄砲」となづけました。ところがよく見ると「中鉄砲」の黒目にたいしてこちらは茶目。やはり別品種のようです。味が良いとして各地から種の引き合いがありますが、地域によってはなかなか上手く出来ない様子で大豆の地域特性が強いことが影響しているのではないかと思います。

この地方の伝統大豆品種としてはほかにも大粒の黒大豆がよく作られております。こちらも正月用の料理用などとして水田の畦畔等に作られてきました。

農業の分野でもグローバル化が進む中、規模拡大と単一品種栽培で効率生産が主流となる時代の流れですが、私どもは黒川の風土の中で残された貴重な伝統品種を守り、育てたいと思います。

※空気中の窒素をとり込んで根に送り込むことで、根が窒素を吸いやすい状態をつくること

〈資料２〉はさ掛けトラスト通信から

みなさまへ

晩秋を迎え、山山の木々の紅葉、黄葉の色が一層鮮やかさを増しております。

さて、今年も有機栽培はさ掛けの新米をお届けします。今年は昨年の成績に気を許したためか、気候のせいなのか、惨憺たる結果となってしまいました。

抑草の失敗で稲の生育に向かうべき肥料分を雑草にとられてしまい、大幅な収量減を余儀なくされ、反省の念しきりです。ただ、カメムシの被害が今年は少なくて、きれいな米に仕上げることが出来ました。

ところで今年５月に「日本創成会議・人口問題研究会」が発表した「消滅市町村リスト」によると、私が住む白川町は岐阜県下で消滅順位のトップに挙げられ、町内に衝撃を与えました。人口１万人未満の小規模で非効率の町村は「たたんでしまう」とのことのようですが、住んでいる者にとっては納得できないばかりか、本当に実情をとらえているのか疑問が残ります。効率だけを基準に農村不要や消滅を断定するのも問題ですが、実態とそぐわない報告がなぜなされるのか不思議です。

わたしたちは10数年前から「有機農業の推進で地域の活性化」をテーマに、新規就農者の受け入れを進めてまいりました。この５年間ほどの間に、多くの30代の夫婦が有機農業の新規就農を目指してＩターンをしていますが、最近はその動きがさらに加速しています。子供の姿がなくなって久しい地区に赤ちゃんの泣き声が聞こえ、近隣が皆でわが子にように世話をする姿はほほえましく思えます。昭和ひとけた生まれの農家のリタイアと入れ替わるように、就農した若者たちと子供たちが増えているのも事実です。

グローバリズムの進行の裏でまた違った動き「伝統回帰」「山村回帰」が始まっているのです。新しく参入した人たちを含めて人と人、人と自然との関係性の取り戻しが始まろうとしています。

第2章　白川町と朝市村がつながって広がる

――オアシス21オーガニックファーマーズ朝市村　吉野　隆子

第1節　オアシス21オーガニックファーマーズ朝市村

毎週土曜日の朝8時30分、鐘を合図に、オーガニックファーマーズ朝市村がはじまる。新型コロナウイルスに伴う緊急事態宣言以降は、整理券の番号順に少人数ずつ入場していただくようになり、押し合いだった開始時間の騒ぎはなくなり、ゆっくり買い物ができるようになった。

オアシス21が開門する6時30分と同時に並んでくださる方もあり、整理券の配布をはじめる7時30分には60人くらいの列となる。これほど多くの人たちが有機の農産物を食べたいと思って来てくださるのだと思うと、どんなに疲れていても元気が湧いてくる。

朝市村に出店しているのは、農業以外の仕事をしていた非農家の家庭で育ち、本人も企業などに就職後、農業を志して新規就農した有機農家たちだ。いわゆる親元就農の農家の子弟もいるが、親が慣行農家で、子どもの代に有機に「転換」した農家と、果樹や茶などの収穫ができるようになるまで時間がかかる作物を栽培する農家に限っている。

愛知県を中心に、愛知県と接する岐阜県・三重県・長野県・静岡県からやってくるメンバーは64農家で、1回あたりの参加者は、調整をしなくとも20～30農家におさまる。最高齢となる82歳の養蜂家をはじめとして70代が4人、20代もいるが、30～40代が半数以上という構成になっている。農家が運営する朝市が高齢者主体となっている現状で、「なぜ、こんなに若手農家が多いのか」と不思議がられることも多い。

朝市村がはじまったのは2004年。開催場所のオアシス21は地下にイベントスペースやショッピングモールのある都市公園で、地下鉄2路線、私鉄1路線に直結、施設内にバスターミナルがある人通りの多い場所だ。名古屋市が52・5％、残りを中部電力・名古屋鉄道・三菱UFJ銀行（旧東海銀行）などの地元関連企業が出資して設立した栄公園振興

写真1　朝市村

株式会社が運営している。

地上部が楕円形に開口していて、その上にある空中に浮いた形のガラス張りの池が、真ん中のイベントスペースの屋根の役割を果たしている。開口部があるため地下空間には風や雨も多少吹き込む。屋根がある場所で開催できるおかげで、雨が降っても、台風が来ても、大雪が降っても、休まずに開催できる。開催を予定していたのに当日急遽休みにすると、農家が前日準備した野菜の行き場がなくなってしまうので台風でも雪でも開催し、農家本人が望むのであれば来てもらう。お客さまも朝市村は休まないと知っているので、台風でも雪でも人数は減るが来てくれる。

２０１９年10月12日の台風19号の折には、非常に大きな被害が出るという予報が出ていたことから、はじめて事前に休むことを決めたが、それまでは天候の都合で休んだことはなかった。２０１９年10月26日には15周年を迎えた。

1　笑顔の種まき

「環境保全型生産者とグリーンコンシューマーの出会いがつくる市」

「この地域の農林水産物やその加工品を通して、ひとと情報が集う市」

「都市と農山漁村をむすんでつながれ！」

朝市村をはじめて間もない２００４年の通信を読み返してみたら、こんな言葉が躍っていた。頭でっかちで言葉もかたいけれど、抱えていた意気込みや思いがよみがえってくる。

都会の街中に農家がやってきてファーマーズマーケットを開けば、農家と都市の消費者が出会ってつながり、交流する場が生まれることは間違いないだろうと、はじめる前から思ってはいたが、都市の人たちがこれほど農家と出会って話すことを楽しみにしながら来てくれることは、想定外だった。

開始当初こそ買い物に必要なやりとりだけで帰っていく人が多かったが、次第に農家と話し込むお客さまの姿が増えていった。農家が品種や種について表示をはじめると、お客さまの意識もそこに向き、会話が広がる。固定種、在来種、F1といった日常生活で耳にすることのない単語が、ごく自然に飛び交う。種子法や種苗法について問われることもある。

ショッピングカートが野菜でいっぱいになっても、農家のブースをまわり続けて2時間以上話し込んでいく人もいる。お客さまの連れてきた子どもが自分の好きな野菜に手を伸ばすと、そこから会話や笑顔が生まれる。「この前の野菜、おいしかった」というお客さまの言葉で、農家も笑顔になる。「朝市村を続けることは、農家の生活を支え、お客さまの食を支えるだけでなく、双方の笑顔を生みだす種まきだなぁ」と感じるようになった。そこから朝市村の「笑顔の種まき」というキャッチコピーのようなものが生まれた。朝市村がいつでも笑顔でいっぱいであってほしいから、「笑顔の種まきを続けていきたい」という思いは変わっていない。

2　広がった理由

２０００年に有機農産物のＪＡＳ規格が制定され、改正ＪＡＳ法の中で有機農産物などについてＪＡ

S規格が定められた（有機JAS法）。開始当時、有機農業に関する法律はこの有機JAS法のみで、この法律の下でファーマーズマーケットが「有機」「オーガニック」を名乗るのは、有機JAS認証を取得していない農家だけで構成している朝市村には高いハードルだったことから、「えこファーマーズ朝市村」と名づけた。いわゆる「エコファーマー※」と区別してもらうために、エコをひらがなにしたが、多少くわしい人にはエコファーマーの基準に準じていると勘違いされることも多かった。

それ以前に、ここに並んでいる野菜が、認証は取得していないものの栽培方法としては「有機」とか「オーガニック」と呼ばれるものであること、その栽培方法がどのようなものなのか、ということもあまり理解されていなかった。私の努力不足ももちろんあったが、まだまだ有機が理解されていない時代でもあった。

そうした状況は、1周年を迎えた2005年に行ったアンケートの結果にも表れている。集計結果によると、朝市村に買い物に来る理由の第1位は「朝市村の野菜は保存性が高いから」。第2位の「おいしいから」をわずかな差で抑えた。大きく引き離されて第3位にようやく「有機栽培で安心だから」が入った。

運営側は、有機だから安心という思いで来てくれている人も多いだろうととらえていたのだが、実際に評価されていたのは保存性であり、品質だった。そのことに驚かされる一方で、品質が評価されたからこそ十数年続いてきたのかもしれないとも思う。

有機の野菜は保存性が高いということは、さまざまな方法で比較実験する人がいて、これまでもよく話題になってきた。だが、初期のお客さまはそれを知って買いに来ていたわけではない。何度か朝市村で買い物をして、毎日のくらしの中でその野菜を扱ううち、日持ちのよさを実感するようになったのだろう。

もうひとつの特徴的な結果は、朝市村を知った経緯として、「知人から聞いた」ことがトップだったことだ。ＳＮＳがまだなかった時代に、「オアシス21でやってる朝市の野菜、日持ちがいいのよ」という口コミの力で、朝市村のお客さまは増えていった。

２０１８年に愛知県が行った有機農業に関する意識調査によると、「有機農業という言葉も内容もよく知っている」と答えた人は18・８パーセント、「言葉も内容もだいたい知っている」人は52・２パーセントだった。有機農業を知っている人は、知らない人を大きく上回るまでになった。

※エコファーマー……「持続性の高い農業生産方式の導入の促進に関する法律（持続農業法）」に基づき、「持続性の高い農業生産方式の導入に関する計画」を都道府県知事に提出して、導入計画が適当であるとの認定を受けた農業者の愛称。農薬や化学肥料の使用量について規制するのではなく、現在の使用量より減らすことで持続性の高い農業に近づけるという考え方。

3　畑と田んぼの入口

２００５年に入ると、農家とお客さまの交流の場が田んぼや畑に広がった。一般の消費者が田んぼや畑に行く機会がまだ少ない時期だったし、朝市村の開催も月２回だったから、運営側の私にも余裕があった。米づくりにはじまり、旬の野菜の収穫、ブルーベリーやみかんの収穫、たけのこ掘り、養蜂の現場の見学など、朝市村を「畑の入口」と位置づけて参加者を募り、毎月農家での体験を企画して出かけるようになった。

朝市でいつも農家に文句を言ってくることで知られていた常連の70代の女性と、ブルーベリーの収穫体験に行ったときのことだ。農家が用意した持ち帰り用の容器を手に、自分のためにブルーベリーの収穫をしてもらった。

ブルーベリーは同じ枝についている実をまとめてガサッと採ることができない。1粒ずつ熟し加減が違うので、確認しながら摘んでいく必要があるためだ。手間のかかる作業だ。彼女は黙々と収穫していた。

帰り道、車を運転する私に彼女は言った。

「私いつも『ブルーベリーは高い』と思っていたし、農家にもそう言っていたけれど、この入れ物をいっぱいにするのがどんなに大変なことか、今日自分で摘んではじめてわかった。高くて当たり前だと思う」

現場に行って、畑にある作物と出会って、初めて見えてくるものがある。彼女はそれから、文句を言ってくることが格段に減った。そして89歳になった今でも、バスと地下鉄を乗り継いで毎週朝市にやって来て、6時30分過ぎには列に並んでいる。

白川町にも出かけた。西尾さんの山で原木椎茸を収穫したり、畑に行って枝豆を収穫したり。景色のよい場所で山を眺めながらごはんを食べると、みんな大満足で、すっかり西尾さんや白川町のファンになって帰っていく。西尾さんは朝市村にはポツンと思い出したように来るので、年中「西尾さんは今度いつ来るの」とたずねられている。

朝市村が毎週開催になり、就農支援を行うようになると、事務局として田んぼや畑の体験を企画・運営する余裕がなくなったが、それぞれの農家が呼びかけて行うようになっていった。

4　学び合う場

2008年、愛知県内で有機農業に関わる団体や農家が構成するあいち有機農業推進ネットワークが呼びかけて、オアシス21で「あいち有機農業フェスタ」を開いた。

あいち有機農業推進ネットワークは2006年に有機農業推進法が制定されたのをきっかけに、県内の有機に関わる団体が集まってつくったネットワークで、朝市村も立ち上げから幹事団体として参加していた。あいち有機農業フェスタは、私が理事として所属しているNPO法人全国有機農業推進協議会が受託した有機農業普及啓発事業を活用して取り組んだ。

開催は平日だったが、朝市村のお客さまがたくさん来てくださった。終了後に他の団体の人たちから、「ここに来るお客さんは、有機や農家をよく理解してくれている。ほかの場所でやるのとはお客さんが違うね。朝市村の効果じゃないか」という指摘を受けた。

農家、特に新規就農したばかりの農家はお客さまに育てていただいているとは感じていたが、朝市をはじめてから4年の間に、お客さまも農家と直接やりとりすることで有機農業について知り、農家の思いを受け取ってもらうようになっていたことに、このときはじめて気づいた。朝市村は農家と消費者が出会って学び合う場になっていた。

5　有機農業との出会い

私が「有機農業」という言葉を知ったのは高校生になったころだ。貧血がひどく、頻繁に立ちくらみを起こすようになって病院に行ったところ、「自律神経失調症の一種の起立性貧血ですね」と診断された。どうしたら治るのか母が医師にたずねると、「治りません。病気と付き合い続けるしかない」という答えが返ってきた。答えを聞いて母は「何とか治す」と決意した。母が叔母や知り合いにあれこれ聞いてたどり着いたのが「玄米菜食」という食事療法だった。「玄米と野菜を中心にした食事を摂る。食材は可能な限り有機栽培のものを使う」という指導を受けて、母は有機の野菜や添加物を使わない調味料を扱っている店を探し出し、玄米菜食の毎日がはじまった。

日本有機農業研究会が設立されたばかりで、大地を守る会が立ち上がったのは5年後という時期だったが、幸いなことに実家のある神奈川県鎌倉市内には、有機の野菜を扱っている酒店があった。それが私と有機の農産物との出会いだ。お世話になったこの店はいま、オーガニックスーパーを名乗るようになったようで、うれしい限りだ。

お弁当ももちろん玄米だった。当時、玄米ごはんをお弁当箱に詰めて持ってくる友人はもちろんいなかったから、母に申し訳ないが、はずかしいと思いながら食べていた。母は私以外の家族のためには白米、私には玄米を準備してくれていたので、さぞかし大変だったと思う。

玄米菜食のおかげで、一生付き合うはずだった病気が1年後にはすっかりよくなっていた。食べることで身体は変わることを実感した。食べることの大切さを強く感じたこの経験が、いまの私のベースになっている。

母はその後玄米を食べはじめ、いまは玄米食を基本としている。89歳になったが、元気にひとりで暮らしている。

6　新規就農者の販路をつくる

大学を卒業後、総合商社に勤めて社内の人と結婚した。今話すと驚かれるが、当時は社内結婚したら女性が退職するのが当然という不文律があった。

しばらくは、近所の八百屋さんでいろいろ教えてもらいながら野菜を買って料理するのを楽しみにくらしていた。旬の時期、食べ方、珍しい野菜などについてくわしく教えてもらい、野菜の知識は増えていった。「有機」という言葉も頭の片隅にあったが、どうやって入手したらいいのか、わからないままで過ごしていた。

夫の転勤に伴って神奈川県から愛知県名古屋市に転居した1989年、新聞で地元の有機農産物を宅配する団体があることを知り、すぐにその「にんじんＣＬＵＢ」という団体の会員になった。

にんじんＣＬＵＢは当時、「中部リサイクル運動市民の会」が運営していた。誘われて事務局スタッフとして働くようになったのは翌1990年4月のことだ。おいしいものを食べることには熱心だったけれど農業にまったく興味を持ち合わせていなかった私が、畑に行き、農家とやりとりし、会員に配布する通信の原稿を書くうちに、有機農業の面白さに目覚めた。

にんじんCLUBのスタッフとして4年間勤めた後、夫の転勤で横浜に転居することになったのを機に、時間の拘束がある仕事には就かずに、フリーランスで編集やライターの仕事をしながら農業を学ぼうと決めて、東京農業大学に社会人入学し、3年に編入した。

加わったゼミの大学院生が「全国産直産地リーダー協議会」という産直に携わる有機農家の団体立ち上げに関わっていたことから運営を手伝うようになり、やがて事務局を担うことになった。この団体には大学の先生方も顧問として関わっておられた。中島紀一先生も毎回幹事会に参加され、農家の求めに応じて熱心にアドバイスしている姿を心強く感じていた。

幹事会は全国のさまざまな有機産直に取り組む団体のリーダーが集う場で、幹事会でやりとりされる内容は当時の有機産直の最新情報だった。末席に座って話を聞いていただけの私にとっては知らないことばかりだったが非常に興味深く、すべてが学びだったと今になって思う。

その後、日本有機農業学会の事務局も担うようになり、理事会開催のお手伝いをしていたが、どちらの会合でも頻繁に話題になっていた事柄のひとつに、「有機で新規就農する人は決して少なくはないが、その人たちのうち、かなりの人数は農業をやめていく。最大の理由は販路がないことだ」ということがあった。何度も何度も耳にするうちに、「いつか、新規就農者の販路をつくりたい」という気持ちを持つようになっていった。

2004年に夫の名古屋への転勤が決まり、再び名古屋に住むことになった。友人に連絡したところ、顔見知りだった名古屋市の職員で、当時、オアシス21を運営する栄公園振興株式会社に役員として出向していた加藤順一さんに、私が戻ることが伝わった。

2002年に開業したオアシス21は訪れる人も多くにぎわっていたが、休日の朝は人出が少なく、早朝から営業しているカフェのお客さんも少なかったことから、休日早朝のにぎわいと名物をつくることが、加藤さんが市長から与えられた課題となっていた。以前、市役所の環境部門で仕事をしていた加藤さんが、「有機農家の朝市なら、環境面に配慮しながら課題をクリアできる」と構想を描いていたタイミングで私が名古屋に戻ることを知り、「有機の朝市運営を手伝ってほしい」との誘いを受けた。私も「新規就農者の販路づくりができるかもしれない」と受け止め、立ち上げから関わることになった。

加藤さんは2006年4月に異動でオアシス21を去ったが、市役所をリタイアした2009年以降、ボランティアとして朝市村に毎週関わり続けてくれている。

7　朝市村が定着するまで

朝市村の開催は毎週ではなく第2・第4週と決まり、第1回の開催は2004年10月9日を予定していた。ところが、「戦後最大級」とも言われた台風22号が接近したため中止となり、10月23日が朝市村開始の日となった。

この日から現在に至るまで出店している農家は1軒、2回目から出店している農家も1軒しかない。

初日に14軒並んだ農家のうち13軒が、「思うような売り上げが上がらないから」とやめていった。残った農家からも、「やめたい」という言葉をよく聞いた。何とかしたいと、残った野菜を買い取って知り合いのお店に持ち込むこともしばしば。協力してくださっていた東海農政局の幹部も、私の顔を見ると「いつやめるのか」と口にしていたほどの状況だった。

開始から約1年は30分だけはにぎわうが、その後はお客さまが非常に少ない状態が続いた。売上げが少なければ、出店者は去っていく。しばらくは、出店しては入れ替わることの繰り返しだった。

売り上げが少ないからと朝市をやめて、別の場所でしっかり売れる状況をつくり、農業を続けることができているなら、それでいいと思う。だが、出店回数が減った農家を心配して電話しても出てもらえなくなり、たぶん農業をやめてしまったに違いないと思われる人も一定数存在している。彼らが何とか有機農業を続けられるように支えることはできなかったのかと、自分の不甲斐なさも感じてきた。こうしたことにも有機での新規就農の難しさが浮き彫りになる。

そうした中で気づいたことは、こちらから「出店してほしい」と誘って出店することになっても、売り上げが低迷すれば、どうしても「行ってやっているのに」と感じがちになるということだ。それは、当然のとらえ方だとも思う。そこで考えを切り替えて、こちらから出店するよう誘わないことにした。それよりも、「出店したい」と思ってもらえる場所にすることが大事だと思うようになった。

ホームページにその週に出店する農家と品目をお知らせするようにした。朝市村の様子がわかるポストカードも、1～2年ごとにつくってきた。朝市村の農家やお客さま、子どもを含めたボランティアの元気な様子を、プロのカメラマンに撮影してもらってポストカードにして、お目にかかった方たちに手渡したり、関わりのあるお店におかせてもらったりしている。ずっとかかわってくれているボランティアは、「子どもたちの成長記録だよね」と言う。私も眺めているだけでいろいろ思い出されて、楽しい気持ちになる。オアシス21周辺はオフィスが多いが、マンションも意外に多い。つまり、生活している人がたくさんいる。そうした人たちに向けて、朝市を開催する週末が近づくたび、近隣のマンションにポストカードをポスティングして回っていた。

だが、一番力になったのは、お客さまの口コミだった。いまでもたぶんそうだと思う。

3年目以降はテレビ・新聞・雑誌で紹介していただく機会が増えた。また、2008年の中国産餃子への農薬混入事件のような食の安全性に不安を感じる事件が起きるたびお客さまが増えていき、それに引っ張られるように出店者の定着率も上がっていった。

8　就農希望者との出会いの場

朝市村をはじめた時から、中山間地域を中心とした有機農家と都市の消費者をつないで販路を作ることは目的のひとつだった。しかし、当初は新規就農した農家との出会いは少なく、代々の農家の出店が多かった。サラリーマン家庭などの非農家で育った人たちが「有機農業をしたい」と朝市村に相談にやってくるようになったのは、2008年以降のことだ。

2006年に有機農業推進法が成立、翌年には基本計画が策定され、2008年から有機農業に関わるいくつかの農林水産省の事業がはじまった。そのひとつが有機農業参入促進事業だ。私も初年度からその事業に関わっていたことから、これまで以上に新規就農を志す人たちの支援に関心を持つようになっていた。

あるとき、有機による就農の相談を受けている団体のリストを眺めていて、定期的に有機の就農相談を受けている場所がないことに気づいた。そういう場所がないなら、朝市村で毎回就農相談を受けようと決めて、２００９年10月、朝市開催中に就農相談コーナーを設けて相談を受け始めた。

リーマンショックの影響が続いていた時期で、仕事を失った人たちがたくさん就農相談にやってきた。朝市村を開催している3時間の間に5人が相談にやってきたことも何度かあった。相談を受ける側はてんてこ舞いの忙しさなのに、どうしても農業をしたいと思ってきた人たちではなかったから熱量も志も低く、話すほどにがっかりすることが多かった。

「農業なんて、畑さえ借りることができれば何とでもなるし、実際に畑は余っていると聞く。種をまけば野菜が育って、すぐにお金になる。だから農業をしたい」と言われたときには唖然とした。「1年研修しても、すぐにたくさん野菜がつくれるようになるわけではない。多くの場合、畑をすぐに貸してもらうことも難しい」と説明すると、すぐに帰っていくような状態だった。

リーマンショック終息後は人数こそ減ったが、事前に調べられることは調べ、自分であたってみて、「困難なことがたくさんあることは知っているけれど、それでも就農したい」という強い思いを持っている本気の人が増えた。この時期以降に研修に入った人たちは、今もしっかり農業をしている。

そのころ私は、新規就農者を支援する公的な制度にはくわしくなかったが、幸いなことに当時、東海農政局で経営支援課長だった土屋博さんが、毎週一緒に相談を受けてくださっていた。土屋さんが退職された後も、毎月1回、農政局の担当者が一緒に相談を受けてくださっている。

２０１０年になると、朝市村では新規就農者の出店が増えてきた。研修生として受け入れて育った人たちも、出店するようになった。オアシス21内で使えるスペースが限られていたことから、新たな出店者は有機で新規就農した非農家出身者だけと限定するようになった※。

※果樹やお茶など、植えてから収穫まで時間がかかる作物については、新規が難しいこともあり、代々続けてきた農家も出店している。親の代は慣行で、息子の代で有機に転換したという場合も受け入れている。

9　オーガニックを日常に

２００９年の5月までは、毎週開催ではなく毎月第２・第４土曜日の月２回開催だった。月２回の開催に合わせて野菜を栽培することは、天候との兼ね合いもあって容易ではない。朝市村がない週にたくさん収穫できたのに行き場がなかったというようなことにはしたくなかった。朝市村をはじめて間もない時期から、毎週開催して農家には畑の状況に合わせて出店してもらう形が、少量多品種で栽培する有機農家、とりわけ収穫量が安定しない新規就農者には向いていると考えていた。

買い物に来る側にとっても、土曜日に来ればいつでもやっているという方が良いに決まっている。実際に、「先週休みだって気がつかないで来ちゃった」という声はよく聞いた。何度かそういう失敗を繰り返して、来なくなってしまう人もいた。

何より、朝市村の野菜は保存性が高く、少なくとも1週間は鮮度を保てることには確信があったから、毎週開催にすれば朝市村の野菜だけで暮らしてもらえると思っていた。そうすれば、有機の野菜が日常になる。一家の食卓を朝市村の野菜だけで担うことができる。

２週に1回、月1回のマーケットだと、朝市がない週にはほかの場所で野菜を買うことになるから、「イベント」でしかない。毎週開催に移行したことで、有機の野菜を日常化する「毎日の食卓を担える市」になったと感じる。「我が家は、ここの野菜だけで暮らしているのよ」と声をかけてくださる方が多いことはうれしい。

２０１０年、名古屋で第10回生物多様性条約締約国会議（ＣＯＰ10）が開催され、この会議に出席した田名部匡代（たなぶ・まさよ）農林水産大臣政務官（当時）が、東海農政局長と共に、朝市村を視察に来てくださった。私の説明に熱心に耳を傾け、たくさんの質問を投げかけられた。視察の後、「これまでたくさんの農家に出会ってきましたが、あんなに目が輝いている若い農家たちを見たことがありません。いきいき前向きに取り組んでいる姿にも感動しました。それだけ有機農業に力があるのだと感じました」と話しておられたと聞いた。

10　農家と消費者の架け橋

２０１４年10月に10周年を迎え、２０１６年3月には、「日本農業賞　食の架け橋の部」で大賞・農林水産大臣賞受賞を受賞した。

誰かが推薦してくれたわけではなく、時間をかけて自分で書類を書いて応募した。応募するきっかけになったのは、お客さまの言葉だ。

「日本農業賞の食の架け橋というのがあることをニュースで見たけど、朝市なら絶対とれるから次は応募しなさい」

だが、その年は決心できないまま、応募せずに賞の発表時期を迎えた。お客さまは再び、「今年こそ応募しなさいよ」と声をかけてくださった。「２年も続けて言ってくださったのだから」と、２０１５年の夏は応募書類づくりに没頭することになった。朝市村の存在をたくさんの方に知っていただき、お客さまが増える機会になるのではという期待もあった。農家にとっても、外部からの評価を知ることは、どんな評価であれ、必要なことだと思う気持ちもあった。

応募書類を書くことは、これまでやってきたことを振り返り、どんなことが実現できているのか、できていないのかなどということを見直す機会になった。この体験から農家には、「賞に手を挙げる機会があれば、積極的にすべき」と伝えている。

現地審査の折には、応募を勧めてくださったお客さまにも話をしていただいた。分刻みの時間制限を超過して、朝市村について熱く語ってくださった。

この受賞をきっかけに、周囲の理解が広がり、応援の声が増えてきたと感じるようになった。そして、いろいろなことに取り組みやすい状況が生まれた。賞を受賞して得られるのは名誉ではなく、自分たちの環境づくりだと感じている。内閣総理大臣賞を受賞したゆうきハートネットのメンバーも、同じ思いではないかと思う。

朝市村の事務作業は私が自宅で行っていたが、朝市村を続けていくためには、事務所が必要だと思っていた。この年の4月に、多くの方のご助力で実現した。

この年の12月には、私が「愛知農業賞　担い手育成部門」をいただいた。活動を見守ってくださっていた県の職員が、研修受け入れ先のベテラン農家をサポートしながら、新規就農者の育成に力を入れてきたことを評価してくださってのことだった。研修生を受け入れて育ててきた農家と共に受け取った賞だと思っている。

11　新型コロナウイルスの影響

2020年2月29日、愛知県は新型コロナウイルスによる緊急事態宣言と休業要請を出した。オアシス21は薬局などを除いて休業となり、朝市も開催することができなくなった。

名古屋駅の名鉄百貨店前で開いていた「ナナちゃんストリートオーガニック夕ぐれ市」も、休むようにと連絡があった。緑区の南生協病院で開いていた「みどりオーガニックマーケット」は、南生協病院で新型コロナウイルスの院内感染があったという誤報が流れたこともあり、休まざるを得なくなった。

朝市村は出店者もお客さまも他の2か所より格段に多い。2月29日だけでなく、3月7日も休むことになった時点で、このままだと農家がつくった野菜の行き場がなくなるし、自分も含め、朝市村の野菜でくらしていた人が困ってしまうと思い、マーケットを開ける場所を探すことにした。

そう簡単に見つかるはずがないと思っていたが、ありがたいことに事務所を貸していただいている名古屋建設業協会ビル1階のピロティを使わせていただけることになった。オアシス21ほどの広さはないが、オープンスペースで換気の必要もない。ここで3月14日から5月16日までの10回、10農家程度の出店ではあったが朝市村を開催することができた。

ホームページで告知し、オアシス21には加藤さんが立って、やってきた人に地図を渡してもらったが、どれだけの人が来てくださるのか、まったく見えない状態だった。慣れない場所だったこともありバタバタ用意をしていた初日、気づくと歩道にたくさんのお客さまが並んでくださっていた。とっさに三密が心配になったが、うれしかった。

5月23日からはオアシス21に戻ることができた。だが、遠方の農家は、周囲の目もあって「感染者がたくさん出ている名古屋には行きづらい」と言う。当初、感染者の出ていなかった白川町も然り。西尾さんが3月に出店したときには、奥さんとけんかするようにして出てきたらしい。

親だけが朝市に参加する場合でも、子どもが通っている学校に「名古屋に行きます」と届け出を出さねばならず、その後2週間は地元での活動ができなくなってしまう地域が今もある。

また、たくさん来てくれていたボランティアが、加藤さんを除いて全員いなくなってしまったことには茫然とした。それでも少しずつ新しいボランティアが加わってくれて、助けてもらっている。

コロナ禍以前は1回あたり約1000人が訪れ、1回あたりの全体の売り上げは100万円程度だった。この数字は愛知県内の中核的なスーパーで、生鮮品の平日1日分の売り上げに相当するらしい。

コロナ以降、朝市村の出店者は20農家前後と少し減っている。運営方法についてはオアシス21からの要望で、周囲を囲い、お客さまには整理券を配布して入場していただく形をとっている。朝6時30分には約10人、整理券の配布をはじめる7時30分には60～70人が並んでくださる。長い人は2時間の待ち時間になってしまうため申し訳なく感じている。

2時間の来場者はおよそ350～500人とコロナ前と比べ半減しているが、農家1軒あたりの売り上げは、ほぼ変わらないか、むしろ増えている場合も多い。ありがたいことだと思う。

12　配送への取り組みで見えたこと

オアシス21で朝市村を再開して間もなく、以前からお付き合いのあった運送会社から、「朝市村でお客さまが買った野菜を配送したい。名古屋市内限定、500円で当日の夕方までにお届けする」という提案をいただいた。利用してくださる方がどれくらいいるのかわからない状態だったが、それでもかまわないということで7月18日に開始した。当初は飲食店からの注文品の配送が中心で、お客さまの利用は少なかった。それが少しずつ増えていき、いまでは私とボランティアの2人が受付作業に追われる状態になっている。

配送をはじめてみて、お客さまが名古屋市全域から来てくださっていることを知った。オアシス21のある東区や隣接する千種区・中区はもちろんだが、名古屋市と他の市町村との境にある名東区・守山区・天白区・南区・港区・中川区・中村区・西区などへの配送が多く、市内全域から来てくださっていることが見えてきた。配送に取り組まなければわからないことだった。名古屋市内にまだまだお客さまが増える潜在力があることを実感している。

13　朝市村運営の15原則

朝市村をはじめるときは規約や原則などを形にせずにはじめた。できるだけしばりを作らず、自主性を大事にしたかったためだ。

それでも、長く続けてくると、「大切にしてきた基本的なこと」が浮かび上がってくるようになった。それが次の「朝市村の15原則」だ。

①オーガニックの農産物が基本

野菜はすべて無農薬・無化学肥料で栽培したものとしている。有機ＪＡＳで認められている薬剤の使用も認めていない。

朝市村をはじめたころ、米については除草剤を使ったものがまだ多かったため、「除草剤１回まで。販売時に除草剤を使っていることを表示する」とした。

現在、除草剤を使っているのは2農家のみ（うち１農家は出店時にテーブルに並べず、欲しいといわれた時点で取り出して手渡すのみ）で、それ以外は無農薬となっている。できれば米も無農薬だけにしたいと思っている。

果樹は無農薬が難しいため、減農薬も認めている。農薬使用について販売時に表示することと、農薬を減らす努力をしていることを大切にしている。無農薬の果樹もある。

②出店できるのは、親元就農ではない新規就農者

親元就農はすでに販路があるということなので、朝市村では受け入れていない。ただし、親が慣行栽培で子どもが継承する時点で有機に転換する場合は、新規で有機をはじめるより困難であることも多く、販路も持っていないことから、受け入れている。

果樹や茶などの永年作物の場合は、新規でなくても認めている。最近は、果樹のような永年作物でも親元就農ではなく、これまでやってきた農家から継承する形で取り組む人が現れている。

③生産者本人が育てた農産物とその加工品を、生産者本人が販売する

仲間の農家がつくった農産物や加工品などを預かって販売することは認めていない。栽培した本人でないと、栽培についてくわしく伝えられないためだ。栽培について聞かれたときに説明できなければ、オーガニックマーケットで販売する意味が半減すると考えている。

④屋根がある場所で開催し、雨・台風・雪でも休まない

オアシス21に屋根があることの意味を、当初は意識していなかった。屋根のない場所で行う他のマルシェは、雨や雪のときは休むと聞き、オアシス21ではじめることができた幸運を感じるようになった。ナナちゃんストリートオーガニック夕ぐれ市とみどりオーガニックマーケットを行っていた場所も、屋根がある場所を選んだ。

農家は前日に野菜を準備する。天候が悪いからと当日急遽朝市村を休みにすると、野菜の行き場がなくなってしまうため、基本的に休まないことにしている。お客さまにも「朝市村は休まない」ということが浸透しているため、通常より人数は減るものの、かなりの方が来てくださる。

⑤旬産旬消　加温栽培なし

旬の野菜であることを大切にしている。それが浸透したのか、最近は冬に「トマトはないの？」と聞かれることがなくなった。

旬の野菜と限定していても、愛知県美浜町や田原市のような海辺の海抜ゼロｍに近い地域から、岐阜県高山市の約７００~８００ｍに至るさまざまな地域の農家がいるので、旬の時期がずれ、野菜のバリエーションは意外に広くなる。東海地域の豊かさを感じることも多い。

栽培は露地、および加温しないハウスでの栽培のみとしている。重油を焚いたり、ヒートポンプを使ったりして加温する栽培は、環境を大切にする有機農業にはそぐわないと考えているためだ。

⑥栽培方法や状況は、ベテラン生産者と事務局が確認　有機ＪＡＳは求めない

有機農法・自然農法と言っても、栽培方法は一律ではなく幅広いので、栽培方法について細かく決めることはしていない。有機農業推進法による定義※を基本とし、出店したいという申し込みがあれば、朝市村メンバーの農家とともに畑や田んぼに行き、実際の栽培方法を確認している。農地に行くのはチェックする意味もあるが、近くに有機農家がいない場所で就農し、悩みを抱えている人に適切なアドバイスをする意味合いも持っている。

有機ＪＡＳ認証については、家族農業をしている農家にとって負担が大きく、費用の負担も重くなるので、認証取得を求めていない。顔を合わせ、会話しながらの販売なので不要だと考えている。

※有機農業の推進に関する法律（２００６年）
第二条　この法律において「有機農業」とは、化学的に合成された肥料及び農薬を使用しないこと並びに遺伝子組換え技術を利用しないことを基本として、農業生産に由来する環境への負荷をできる限り低減した農業生産の方法を用いて行われる農業をいう。

⑦毎週開催でオーガニックを日常に

開始当初、月2回の開催だったが、当初から「毎週開催したい」という希望を持っていた。開催間もないころから栄公園振興株式会社に毎週開催を打診し続けた結果、２００９年5月から毎週開催に移行することが認められた。

毎週開催に移行したことで、お客さまは増えた。朝市村の野菜だけでくらしてくださる家庭が増えたことを確信している。

⑧出店料だけで運営

はじめたころの出店料は机1本１０００円。名古屋の街中で駐車料金もかかることから、新規就農者でも出店できる価格ということで設定した。事務局が必要とする経費は度外視して設定したので、２０

１５年まで私は無給のボランティアとして運営していた。

現在は農家からの申し出で、机１本２０００円となり、事務所を借りることもできている。「補助金を使えばいい」とよく言われたが、期限のない補助金はない。補助金がなくなったからやめる、ということはしたくなかった。

⑨生産者同士はライバルだけど大切な仲間

旬になれば同じ野菜がたくさん並ぶから、販売の面では当然ライバルになる。一方で、有機の農家がこんなふうにたくさん集まる場所はないから、お互いの野菜を見ることで自分の野菜をもっとよいものにしたいという思いが生まれる。

農家同士は仲が良い。お互いの圃場にもよく出かける。技術や販路についても、わからないことを聞き、教え合うという関係もできている。

⑩消費者ボランティアが運営に関わる

新型コロナウイルス以前は、毎回消費者ボランティアがたくさん来てくれて、ボランティアが当日の運営を回してくれていた。開催時間中に私がずっと就農相談の対応をしていても、問題ないほどだった。しかし、コロナ以降、加藤さん以外のボラティアがいなくなってしまった。家族や自分が仕事の都合で絶対感染できない事情を抱える人がいることは承知していたが、とても残念だった。そうした中でありがたいことに新たなボランティアが現れてくれたり、お客さまが手伝ってくださったりするおかげで、ギリギリの状態ではあるが何とか運営できている。

子どもたちはボランティアとして関わることで、大きく成長する。そんなふうに意識するようになったのは、10年ほど前のことだ。ボランティアとして参加するお母さんが連れてくる子どもたちにも、仕事を任せるようにした。任せるとがんばって取り組んでくれる。農家が販売で忙しい時間に農家の子どもたちと遊んだり、自主的に農家のブースに入って手伝ったりもしていた。そんなことを通して、子どもたちの成長ぶりを強く感じている。

コロナ禍以後、子どもボランティアも姿を見せなくなっていたが、２０２０年11月から、早朝の設営だけ手伝いに来てくれるようになった。よく働いてくれて助かっているが、お母さんたちによると、子どもたち自身もコロナの影響で抱えたストレスをボランティアに来ることで発散できているのだという。

⑪朝市村は畑の入り口。田んぼや畑・農産物について伝え、農業体験を受け入れる

畑や田んぼに興味を持って出かけてもらうきっかけになれば、という思いは最初からあった。畑に出かけることで、農業への興味は広がっていく。自分がそうだったから、出かけてみてほしいという思いは強い。

⑫おいしさの追求。野菜の品質を高める努力を怠らない。切磋琢磨することが力に。

朝市をはじめたころと比べると、野菜の品質は格段に高くなっていると感じる。それぞれの努力によるところが大きいが、朝市村で他の農家の野菜を見て刺激を受けていることも力になっていると感じる。

有機農家は点在しているため、近隣に有機農家がいないことが多い。それゆえに、他の有機農家の野菜を目にする機会が少ない。それが朝市村ではできる。空き時間ができると、他の農家の野菜を見て回り、会話している。切磋琢磨することは本当に大切だと実感している。

⑬新たな販路探しの努力

朝市村に出店する農家が増えてきた2010年、「出店する農家が増えると売り上げが減っていってしまうのではないか。新たな場所で市をはじめられないか」という要望が農家からあった。はじめるなら、ある程度の売り上げを見込める場所であることが必須になる。相談に来た農家は冗談で、「ナナちゃんの前がいいな」と言っていた。ナナちゃんというのは、名古屋駅にある名鉄百貨店の前に立つ、身長6・1mのマネキンだ。週替わりでスポンサーがつき、新作映画や名鉄百貨店のセール、税金の申告など、内容に合わせた衣装に着替えて、広範囲な分野の宣伝を担当してしっかり稼いでいる。待ち合わせスポットとしても活用されていて、名古屋の人は誰でも知っている存在だ。

以前から、会社帰りの女性たちが買い物をしやすい名古屋駅前で市ができないかと思っていたので早速知り合いをあたったところ、トントン拍子に話が進んだ。そして、農家と私が最初に思い描いた、ナナちゃんの前で「ナナちゃんストリートオーガニック夕ぐれ市」をはじめることが決まった。同じ年に、地元のお母さんたちの要望で、南生協病院でも「みどりオーガニックマーケット」をはじめた。

オーガニックマーケットは、はじめてから軌道に乗せていくまでに時間がかかる。人通りの多い場所ではじめればうまくいくというものではない。夕ぐれ市も時間はかかったが、1農家あたりの売り上げが朝市村をしのぐことも増えていた。それが新型コロナウイルス以降、開催できずにいる。とても残念に思っている。

危機管理の意味で、農家は販路を複数持つことが大事だと考えている。ひとつだけだと、それがうまくいかなくなったときに倒れてしまう可能性があるためだ。だからと言って、複数のオーガニックマーケットに出店することは、販売に時間をとられて生産に影響を及ぼす可能性がある。

オーガニックマーケット以外の販路を併せ持つことで、生産にもしっかり取り組みつつ、販売もしっかりできることが大切だと思っている。それには、近隣の農家とともに、共同出荷グループをつくることも支えになる。「ゆうきハートネット」や、なのはな畑で研修した江南・犬山・扶桑地域のメンバーによる「なのはなこ」の旬楽膳への出荷はその好例だろう。

⑭有機での新規就農希望者を、新たな生産者に育てる

２００９年10月、有機農業を始めたい人たちの就農相談を受ける場として、「有機就農相談コーナー」を開設した。毎月第３週には東海農政局の担当者にも加わっていただき、制度面のアドバイスをしていただいている。

時期によっても差があるが、平均して毎回１人、最大５人の相談を受けることもある。現状・経験・就農を希望する地域・希望する作目・研修開始の希望時期などを聞き取り、就農希望地域と作目の希望を目安に、さまざまな角度から話を聞いたうえで研修場所の候補を決め、生産者につなぐ。現地に出かけて見学し、話をしたうえで、研修地を決めてもらっている。

現在、朝市村の農家のうち研修生受け入れ可能なのは、愛知県の6農家、岐阜県はゆうきハートネットとなっている。

研修・就農を希望する場合、農業体験がまったくない人には、まず4～5日間の体験をしてもらう。ほぼ1週間、日曜日だけであれば1か月間となる。農家にはこの間に適性を判断してもらう。また、腰に問題がないかの確認もする。以前、腰が悪いことを知らされないまま研修に入った人が、研修中に再発して悪化し、研修を辞めざるを得なかったことがあったためだ。

体験をした農家で大丈夫と判断したら、要望に合う農家を紹介して、研修先との相性も確認した後、研修を受けることになる。

朝市村は愛知県の研修機関として、研修受け入れを行っている。本人に補助金を使いたいという希望があり、行政に認められれば、次世代人材育成投資資金（準備型）も活用する。研修は基本メニューに基づき、各農家で行う。研修先で作っていない作目については、他の朝市村の農家のもとで学ぶ連携研修も取り入れている。

研修中の早い時期から、農地を探して借りるようアドバイスしている。この段階では農家ではないので正式に借りることはできないが、土づくりも含めてすぐに生産にかかれる態勢を整えておくこと、及び研修で学んだことを家に帰ってすぐに実践し、わからない点は確かめ、技術を確実に習得することが目的となる。

農地探しについては、研修先や研修の先輩が自らの経験を生かしてアドバイスしながら進める。研修を受け入れた農家と朝市村事務局が連携しながら、就農まで導いている。

販売先については、朝市村での販売はもちろんだが、朝市村以外の販売先にもつなげている。朝市村の農家が研修生として育て、農家になった人たちは、岐阜県も含めて40名を超える。愛知県の研修機関としては最もたくさん育ててきた。

白川町でもそうだが、彼らの多くは研修先の近くで農業に取り組み、地域に活気を生み出している。

⑮就農者たちがつながりを広げ、地域に活力を生み出す

14　オーガニックファーマーズマーケットから生まれるもの

朝市村をはじめて、２０２０年10月で丸16年が経過した。16年を振り返り、その間にオーガニックファーマーズマーケットを運営することで生まれる場を挙げてみたい。

①有機で新規就農した農家の、販路開拓・マッチングの場
②中山間地に就農した有機農家と都市の消費者がつながり交流する場
③消費者が農家で農業体験をする、畑の入り口となる場
④毎週開催でオーガニックを日常にする場
⑤農家が納得いく価格で、情報を載せて販売できる場
⑥研修受け入れから就農後のサポートに至る、新規就農希望者の支援の場

⑦仲間の有機農家と切磋琢磨しながら技術を磨く、新規就農希望者が技術を身につける場
⑧さまざまな形で、小さな農家を育てる場〈2019~2028年　国連家族農業の10年〉
⑨子どもボランティアとして朝市村に関わり、おとなと接し、仕事の責任を学ぶことで子どもが成長する場
⑩朝市村を通して就農した人たちが、地域の新しい力になる

第2節　白川町

前節の最後に挙げた、「朝市村を通して就農した人たちが地域の新しい力になる」顕著な例が白川町だ。朝市村に相談に訪れて白川町に移住した人は、これまでに8組。「移住」としたのは、農業以外の仕事をしている人もいるからだ。

農業による移住者を増やしたいと活動していた白川町観光協会に声をかけていただき、移住希望者のツアーにコーディネーターとして関わったときのことだ。ツアーのひとつのプログラムとして、移住して就農したメンバーにそれぞれの取り組みや思いを語ってもらった。そこに町議会副議長で観光協会副会長をされている藤井宏之さんが様子を見がてら訪れ、彼らの話を聞いてくださった。帰り際、「彼らが次の白川町をけん引してくれることを確信しました」と力強くおっしゃっていた。

ゆうきハートネットは、2018年度の農林水産省の豊かなむらづくり表彰で内閣総理大臣賞を受賞した。全国審査には県庁や町役場の方たちが多数参加しておられた。私も同行させていただいたが、多

くの地元行政関係者から「こんなことをしていたとは知りませんでした」という言葉を聞いた。地域の草の根の取り組みはことさら大声で言わない限り伝わりにくく、きっかけがないと行政にも伝わりにくいことがわかる。

全国審査で最も印象的だったのは、近隣の県の中山間地が多い地域で市長を務めている審査員が、「自分の市でもこんな取り組みが広がったら、どんなにいいだろうと思いました」としみじみおっしゃったことだ。中山間地の多い地域の首長だからこその実感だと受け止めた。

1　白川町とのつながり

朝市村に最初に出店した白川町の農家は西尾勝治さんだった。朝市村開始後1年に満たない2005年8月12日に初出店した記録が残っている。自分が栽培した米や大豆、原木椎茸を持って出店していたが、「いずれ、1人ではなくほかのメンバーも一緒に朝市村に出店したい」という思いを持っていたことから、「ゆうきハートネット」の名前で出店していた※。こんなところにも、自分ひとりがよければいいわけでなく、みんなにとってよい形にしたいという思いを持っている、西尾さんらしさが見える。

西尾さんは温和で、声を荒げるのを聞いたことがない。来るものは受け入れるが、押し付けない。面倒見が良い。そして、そうしたことをあたりまえのこととして受けとめ、さらりとこなす。

こうした西尾さんの持ち味が活かされたのが、白川町への移住・就農を希望する人たちへの支援だろう。移住を希望する人のための家探し・農地探しの対応力から、地元では「西尾不動産」と呼ばれている。

西尾さんが他のメンバーに朝市村への出店を呼びかけたところ、現在ゆうきハートネット会長を務めている佐伯薫さんや服部圭子さんが、白川町から朝市村をのぞきにやってきた。

佐伯薫さんは慣行栽培のトマト農家だ。行政やさまざまな団体で役員を務め、地域に認められている農家でありながら、有機農業にも理解を示してくださっている。ゆうきハートネットの活動や白川町に有機の新規就農者たちが移住しやすい素地ができていたのは、佐伯さんの力も大きい。

ゆうきハートネット初代事務局長で、現在は観光協会会長、いまも就農者を見守ってくださっている鈴村雄二さんともども移住してきた人たちの力を認め、あたたかく支援してくださっていることで、彼らものびのび活動できるのだと感じる。

服部圭子さんは、夫の晃さんと共に1987年に白川町に移住・就農している。朝市村の視察に来て「面白い」と感じたようで、2009年10月から出店するようになった。そのころはまだ、世間から注目されず、朝市村にも並んでいなかった「えごま」にほれ込み、お客さまにえごまの健康機能性を伝えて知ってもらうことに力を注いでいた。熱く語るその姿を、私たちは「えごまの伝道師」と呼んでいた。

2013年に夕ぐれ市をはじめると、そちらにも出店するようになった。週に2回、白川町と名古屋を往復していたのだから、そのパワーには圧倒される。

農家には声がけの大切さを説いた。新たな場所で市をはじめるときに声かけをすることがいかに大切かを、服部さんのおかげで知った。

2017年には、念願だったえごまについての書籍「育てて楽しむエゴマ　栽培・利用加工」を出版した。以降、日本エゴマ普及協会の会長としての講演や、白川町議会議員としての活動で忙しい毎日をおくっている。

※現在は「西尾フォレストファーム」の名称で出店している。

2　はさ掛けトラスト誕生

西尾さんが最初に移住を希望する人の世話をしたのは、塩月洋生さん・祥子さん一家だった。彼らは農家として移住したわけではなかったが、農業に思いを寄せる彼らが白川町に移り住んでいたことが、後から移住する人たちにとって大きな支えとなっている。塩月さん夫妻のことを、記しておきたい。

塩月洋生さんと祥子さんは２００６年のはじめ、「無農薬で稲をつくるトラストをしたい。受け入れてくれる場所を紹介してもらえませんか」と朝市村へ相談にやってきた。自分たちが栽培した米の副産物であるわらを使って、わらの家「ストローベイルハウス」をつくることが目的だった。

２人は長男の食物アレルギーをきっかけに、「自分たちの生き方を変えたい」と田舎暮らしを考えるようになった。同時期にわらと土でつくる家「ストローベイルハウス」を知る。

ストローベイルは、牛のえさにするわらをブロック状に圧縮したものだ。在来工法で柱を立てて梁をつけ、筋交（すじか）いを入れて骨組みをつくり、その周囲をストローベイルでくるんで止めつけていく。ストローベイルは分厚い壁となる。仕上げに土を5センチほど塗って土壁にする。厚いわらと土の効果で、断熱性や防音・遮音性、調湿性にも優れた家となる。わら・木・土という素材を使うことで土に還しやすいことも魅力で、アメリカでは１５０年以上前から造られているという。

建築を学び、いずれ自分の家を自分で設計したいと考えていた洋生さんと、幼い頃から自分でデザインした家に住みたいと思っていた祥子さんは、自分たちで建築できる自然素材でつくる家づくりに魅力を感じ、ストローベイル建築のワークショップに関わるようになった。そして、「里山に自分たちのストローベイルハウスを建てたい」という思いが強くなっていく。

当時、ストローベイルハウスの原材料になるわらを入手しようとしても、栽培状況がわからないことが多かった。２人は、自然素材で家をつくるのに農薬が使われているかもしれないわらを使うことに納得できず、「無農薬のわらを手に入れて使いたい」と思うようになった。それがやがて、主食である米を作り、そのわらを使って家づくりをする活動「はさ掛けトラスト」の構想につながっていく。

トラストとは、会員が信託（トラスト）して出資することによって、農家にできるだけ負担をかけないよう買い支える仕組みだ。塩月さん夫妻はトラストに取り組んでくれる農家から米を買い、自分たちはわらを手に入れるという形の「トラスト」に取り組もうと考えた。受け入れてくれる農家を探し求めた結果が、西尾さんとの出会いだった。

出会いの数週間前、私は西尾さんから、「今年はトラストで米づくりがしたいんだ」と聞いていた。塩月夫妻が朝市村にやってきて私が相談を受けた日、西尾さんも朝市村に出店していた。引き合わせたところ、２人はすぐに白川町に出かけ、その日のうちに「ここで米づくりをする」と決めて通いはじめた。

ストローベイルに加工するわらは、長いままでないと加工できない。しかし、米づくりに取り組む中で、現状では収穫時にコンバインでわらを細かく切断して田んぼに散らしていて、長いわらを入手することが難しいこともわかってきた。

自分たちで稲をつくり、鎌で手刈り、もしくはバインダーで刈って、収穫した稲をはさ掛けで乾燥させれば、長いわらを手に入れることができる。太陽の光でゆっくり乾燥するので、米もおいしく仕上がる。というわけで、塩月夫妻は稲作農家を街の消費者が支える仕組み「食と住と人をつなぐ　はさ掛けトラスト」を立ち上げて、両者をつなぐ事務局を担うことにした。

3　移住者への恩送り

白川町へ通いはじめる前の2人は、「いずれは田舎暮らしをしたい」とは考えていたが、5年以上先を想定していた。それが白川町に通いつめた結果、半年経たないうちに「すぐにも移住したい」と願うようになり、西尾さんに家探しを頼んだ。これが西尾さんの最初の家探しとなった。

家が見つかり、2人目の子どもが生まれた直後の2007年の春、洋生さんと祥子さんは2人の子どもたちと共に白川町に移住した。そして、2011年には自分たちのストローベイルハウスをつくりはじめることになる。

設計は2級建築士の洋生さんが行った。建築に取りかかる前から西尾さんの持つ山の木を伐りだして乾燥し、少しずつ準備を重ねていた。

家を建てる場所探しに活用したのは、航空写真で俯瞰して眺めることができるグーグルアースだ。町内の景観のよさそうな場所を見つけては、実際に出かけることを繰り返して、１か所に絞り込んだ。地権者に交渉したのは西尾さんで、８人の地権者全員から了解を取り付けて、ストローベイルハウスを建てることができた。ストローベイルハウスの住み心地は良い。眺めがよく、敷地内には小さな棚田もある。

祥子さんと洋生さんは移住や家の建築、そして日常生活でも、西尾さんをはじめとした周囲の人たちにとてもお世話になったという思いが強く、「私たちは周囲の人たちのおかげで、いろいろなことが実現できた。だから、自分たちの後に移住してくる人たちは、自分たちがサポートしたい」と思うようになった。

最初に支援したのは、２０１０年に就農した「和ごころ農園」伊藤和徳さんだ。伊藤さんは就農後、祥子さんの元に遊びにきていた美術大学時代の友人で、デザインを仕事にしていた純子さんと出会い、２０１２年2月に結婚した。結婚を後押ししたのも、祥子さんだった。

純子さんが白川町に移住してからは、和ごころ農園のパンフレット制作にはじまり、イベントのちらしやパッケージなどのデザインを手がけ、２人の子どもの世話をしながら外部からの依頼も引き受ける農村デザイナーとしても活動している。

洋生さんと祥子さんは、明治22年に建てられた東座という芝居小屋を活用し、地域にアーティストが滞在してその場所の歴史や人々との交流の中で得たイメージをもとに芸術創造活動を行い、制作過程を公開し、子どもたちを対象にワークショップなどを行う「アーティスト・イン・レジデンス」という事業にも取り組んでいる。

祥子さんはまちづくりにも熱い思いを抱いている。「集落支援員をしたい」と希望し、地域の推薦を受けて、現在「白川町移住交流サポートセンター」で働いている。移住相談・黒川地区のホームページ製作・黒川こどもミライ会議の企画運営、そして移住者たちにも近いうちに大きな課題となる高校生問題（町内に高校がなく、高校への通学が大変だったり、高校を選べないなどの理由で子育て世代が町外へ出て行くというような問題）を解決すべく奔走している。

中山間地への移住者が増えても、「高校生問題」という課題を解決できなければ移住者の定着ははかれない。新型コロナウイルスの影響で教育現場でのリモート活用が増えたいま、この問題を改善するための手がかりができたように感じている。何とか次の一歩につながることを願っている。

4　朝市村と白川町

２００６年12月には薬を使わない養豚に取り組む藤井ファームが出店をはじめた。ファームは父の拓男さんが立ち上げ、２人の息子が母やスタッフと共に運営している。無薬育ちの「あんしん豚（とん）」として、少量一貫生産。臭みがなく、おいしさには定評がある。「朝市村に出るようになって販路が広がったし、売上げも伸びました」と、外部での販売を担当する次男の藤井淳（あつし）さんは話す。

２０１８年９月から19年にかけて、岐阜県にある19の養豚場で豚コレラ（現在は豚熱・ＣＳＦと呼ぶ）が発生した。幸い、藤井ファームでは発生しないまま終息したが、被害が広がり長期化するなか、心労は大変なものだったと察する。

一方で、「これだけ被害が出ている状況で、ファームの豚が元気なのは、無薬で育てて免疫力が高いからではないかと考えています」という言葉からは、飼育への自信もうかがえる。

拓男さんの弟で「トッコさんち」の藤井敏幸さんも、西尾さんが「出店者が少ないから来てほしい」と熱心に誘いかけ、２００６年頃から出店している。以前は妻の明美さんと共にあんしん豚に携わっていたが、１９９６年「トッコさんちの自然農」として独立、雑穀や古代米の栽培と自分たちがつくった原材料を使って味噌・梅干し・こんにゃくなどの加工を手がけるようになった。不耕起栽培だったが、２０１５年に「畑を耕すようになったから、『自然農』という名前は返上するね」と告げて、現在の「トッコさんち」となった。

おからコロッケやひえ・あわのような雑穀や雑穀を使った加工品が人気だが、当初は加工の免許をもっておらず、当然のことながら料理をするのは自宅の台所だった。朝市村の生産者会議で、「加工に取り組むのであれば、加工場を整備して加工の免許をとるようにしてほしい」という話をしたとき、「加工はやめようかな」と消極的なことを言っていたが、それから間もない時期にいきなり、「加工場をつくったよ。免許ももうすぐ取れるから」と連絡があった。倉庫の一部を自分で改装して、加工場をつくったのだという。実行力とパワーに驚かされた。

朝市村に出店するのは11月から4月にかけての半年間。5月から10月は栽培に集中する。11月になってトッコさんがやってくると、たくさんのお客さまがうれしそうに話しかける姿が見られる。明るくお客さまに応対していた明美さんが２０１８年に亡くなった後も、娘さんの手助けを受けて準備をしながら出店し続けているのがうれしい。

２０１１年12月には、なごみ農園が出店をはじめた。高橋正男さんは白川町に移住する前から有機農業をしようと決めていたが、それだけでは食べてはいけないと考え、パンやお菓子を焼く技術を身につけてから白川町に移り住んだ。パンに使う天然酵母は、自ら無農薬で育てたぶどうからつくっている。小麦粉も全量ではないが、自分で栽培している。ぶどうの一部は朝市村でも販売しているが、人気があって入手がなかなか難しいほどだ。パンももちろんおいしい。

高橋さん夫妻の家は、研修生の施設「むすびの家」の隣にある。これまでここに住んだ研修生たちは、面倒見の良い妻の雅子さんに見守られ、励まされてきた。ありがたい存在だ。

２０１２年、清水しいたけ園が出店開始。清水しいたけ園は原木椎茸と米を2本柱にしている。父の唯義さんは、長く白川町の佐見地区で有機米を生産している人たちのグループ「郷蔵（ごうぐら）米生産組合」を率いてきた。清水しいたけ園では、米の生産を担当している。

原木椎茸は息子の寛之さんを中心に栽培している。清水しいたけ園の栽培は原木だが、ハウス内で栽培している。屋外での栽培よりも生産が安定し、水分量を調整しやすく品質が高い。

寛之さんは地域に入ってきた同世代の新規就農者と一緒に、さまざまな活動に取り組んでいる。

5　最初の研修生

朝市村から白川町に送り込んだ最初の就農者は、２０１２年に移り住んだ「たわわ農園」の加藤智士さんだ。加藤さんが相談に来たとき、就農したい場所が「山に近い場所。水がきれいで、米を作れるところがいい」とはっきり決まっていた。白川町しかないと思った。西尾さんに相談し、加藤さんはすぐに白川町に出かけた。そして、研修に入ることを決めた。

すでに研修施設「むすびの家」が完成していたので、加藤さんは最初の入居者として、ここを拠点に研修を受けた。研修が終わる前に、トッコさんの家の近くで家を借りることができた。

そのころ朝市村に手伝いにやってきた智士さんは、買い物に来た敦美さんと出会った。敦美さんはオーガニックカフェで料理をつくる仕事をしており、朝市村にも熱心に通ってきていた。敦美さんがトッコさんの家を訪ねた折に加藤さんの家に立ち寄り、「家から見える景観が好きになったから」結婚したと聞いた。それが本当かどうかはともかく、すばらしいロケーションに恵まれた家であることは間違いない。小高い丘の上にある家から見下ろす位置に、自分の田んぼが広がり、向かいには山並みが連なる。

長女が生まれたとき、集落には子どものいる家庭がなかった。集落の集まりの席で、「この子は集落みんなで育てるよ」と言われたことがうれしかったと智士さんは話す。その言葉通り、近所のおじいちゃんやおばあちゃんは、年中子どもたちの顔を見にやってくる。

加藤さんは米と原木椎茸を栽培している。加藤さんの住む地域は集落営農をしているので地域で田んぼを借りにくい状況にあったが、ようやく少しずつ面積が増えてきている。また、米のオペレーターを引き受けることで、高齢化の進む地域の人たちからは感謝されている。

敦美さんは４人の子どもに恵まれ、今は子育て中心の生活だが、智士さんの作った米や原木椎茸、そして地元の食材を使って食事ができる農家カフェをはじめる日を、私は心待ちにしている。

6　2つの研修施設

加藤さんが研修中に住んでいた「むすびの家」は、2009年度に農林水産省の地域有機農業施設整備事業で作られた。「有機農業に必要な栽培技術の習得、種苗の供給、土壌診断等を行うための拠点（有機農業技術支援センター）の整備」を行うための事業だ。

有機農業推進法の策定時、農林水産省の環境保全型農業対策室長として推進法の成立に尽力された栗原眞さんは、2008年4月に生産経営流通部長として東海農政局に着任した。栗原さんは「地域有機農業施設整備事業を活用して、管内（愛知・岐阜・三重）にも研修施設がつくれたら」と考えていた。「有機の研修施設をつくりたいと考えている地域はないだろうか」と問われ、私は白川町を挙げた。地域の人たちが動いて計画ができ上がり、無事採択されたが、そこから紆余曲折があった。

建設予定地は二転三転した。決定した建設場所は敷地を造成する必要があった。だが、途中の段階でこの事業では敷地の造成資金を出すことが認められないことがわかり、建設をあきらめかけた。この時は当時の今井良博前町長や町の関係者が救いの手を差し伸べてくれた。現在の横家敏昭町長にも、ゆうきハートネットや新規就農者の支援の面で大変お世話になっており、行政の支援のありがたさを感じる。

そして、2010年3月、佐見地区に「くわ山結びの家」が完成した。この施設は研修生が暮らすだけでなく、体験で訪れる人たちが宿泊したり、敷地内でイベントを行ったりでき、さまざまな形で活用されている。

白川町には東西にいくつかの尾根が扇状に走り、谷沿いに集落がある。むすびの家ができたころ、佐見地区と西尾さんらが住む黒川地区を行き来するには、谷に沿って西に向かって白川口に出て、再び谷伝いに目的地に向かうしかなく、行き来に非常に時間がかかった。現在はトンネルができて南北に行き来ができるようになり時間も短縮されたが、トンネル建設前は佐見地区の研修施設で生活しながら黒川地区で研修をする人も多く、行き来に苦労していた。

研修生が増えていたことから町も動いてくれて、黒川地区にも研修施設を作ることになった。国の地方創生関連の交付金を活用して生まれたのが「黒川マルケ」だ。建設当時、農林課長だった伊佐治優さんが力を尽くしてくださって、使い勝手の良い施設ができた。

黒川マルケは、ゆうきハートネットが町から委託を受けて管理・運営を担当している。有機の研修生のための施設と限定せずに、交流スペースを設けて地域の集まりにも使う前提で建設していて、視察や勉強会、移住者たちが小中学生を対象として行っている補習事業をはじめ、お母さんたちのカフェや地元の飲み会にも活用されている。

7　有機農業が広がる下地

白川町の農家と名古屋の消費者が「有機農業」というキーワードで最初につながったのは１９８９年、米を通してのことだ。減農薬の米づくりをはじめていた白川町佐見地区の農家グループが、減農薬の米づくりをもっと学びたいと考えて参加した宇根豊さんの講演会で、減農薬の米を求めていた「くらしを耕す会」という有機宅配に取り組む団体と出会い、米の出荷をはじめることになった。彼らはやがて、「郷蔵米生産組合」を立ち上げた。

当時は米をつくれば全量農協が買ってくれる時代で、農家は「その先の消費者の顔なんて全然見ることもなく、見えてもきませんでした」（郷蔵米通信）という状態だった。

減農薬の米づくりをはじめる以前、白川町佐見地区では年に5～6回、共同で米に農薬を空中散布していたために、農家単独で「農薬を減らしたい」とか「無農薬で栽培したい」と思っても、できない状況にあった。しかし、この年から共同防除をやめることになり、減農薬栽培に取り組むことができる条件が整ったところだった。

くらしを耕す会との提携をはじめたことで、農家も「食べてくれる消費者の顔が見えて、やる気が出てきました」（郷蔵米通信）と感じるようになった。当初は全量が減農薬栽培だったが、くらしを耕す会や1987年にできた土こやしの会とつながりを深める中で、次第に無農薬米の栽培量を増やしていった。「今まで米はただの商品でしかなかったのですが、この郷蔵米は、米を作る人、食べる人の心がこもった米であることを確信しています」と消費者に届けていた郷蔵米通信に思いがつづられている。

こうした思いをつづっていたのは中島克己さんだ。オーガニック講座で話していただいたことがあるが、中島さんの田んぼの生きものを大切にする米づくりへの熱い思いは若い人たちに響き、たくさんの質問や声が返ってきたことを憶えている。

中島克己さんが有機農業を強く打ち出し、西尾勝治さんや佐伯薫さんらに有機農業について伝え、巻き込んでいったことが、移住してきた人たちが有機農業に取り組みやすい環境を生み出している。

くらしを耕す会や土こやしの会への出荷は、現在も続いている。組合を立ち上げ、けん引していた中島克己さんが自分で米を販売するようになった後、清水しいたけ園の清水唯義さんが中心になって、現在まで引っ張ってきた。

米の有機栽培は白川町佐見地区を中心に広がっていった。さらにくらしを耕す会では、大豆を栽培する前に希望数を聞き、代金を前払いしていただいたうえで栽培を行う「大豆畑トラスト」をはじめた。こちらは黒川地区を中心に行われてきた。

8　流域自給圏でつながる

「くらしを耕す会」は、中部リサイクル運動市民の会が運営していた「にんじんＣＬＵＢ」という有機宅配団体から分かれて生まれた有機宅配を行う団体で、由利厚子さんという女性が率いていた。

由利さんは１９９０年代後半に参加した講演会で、「バイオリージョナリズム」という考えに出会った。バイオリージョナリズムとは、私たちの生活の場である地域を、いわゆる行政の境界線ではなく、ひとつの河川の流域というようなまとまりを持った地域としてとらえる考え方だ。

この講演会を聞いて由利さんは、「自分たちが取り組んでいることこそ『流域自給』そのもの」だと強く認識するようになった。木曽川水系の上流部にある白川町で栽培した米と下流部にある知多半島の野菜を名古屋の消費者が受け取るつながりを「流域自給圏」と呼び、そうしたつながりをもっと広げよ

う と呼びかけるようになり、それがくらしを耕す会の考え方の柱となった。

由利さんは２００２年８月、東名阪自動車道で渋滞に巻き込まれ、後続の大型トラックが居眠り運転で由利さんの車に追突、車が炎上した事故で亡くなってしまった。本当に残念だ。東海地域の有機農業にとって大きな損失であり、彼女がいてくれたらもっと違う状況になっていたのではないかと今も思う。

私が仕事として有機農業と関わるようになったのは、にんじんＣＬＵＢの会員になって１年後の１９９０年に、「スタッフにならないか」と誘われて以降だ。この原稿を書いていて気付いたのだが、この時期は由利さんがくらしを耕す会を立ち上げ、にんじんＣＬＵＢのスタッフの一部が由利さんと行動を共にして去った時期にあたる。由利さんが「くらしを耕す会」を立ち上げていなければ、私はにんじんＣＬＵＢの

写真２　集合写真（2020 年 12 月 12 日）

スタッフになることもなく、有機農業に関わる仕事をしていなかっただろう。そして２０１８年12月から1年半、ご縁があって私はくらしを耕す会の代表を務めた。白川町とのつながりに導かれためぐり合わせだと感じている。

白川町に移住して有機で就農した人たちは、家族と共に移住した人も、単身で移住して町外の人と結婚して子どもが数人という人もいる。その人数は子どもたちを含めると、町の人口の０・５％を占めるまでになった。

彼らは米や野菜を中心とした農業生産をベースにしながら、林業・狩猟・堆肥や育苗培土の製造・農業体験などにも携わっている。一方で、地域資源に自分の得意分野を掛け合わせて、町外からやってくる関係人口を増やすことにもつなげている。

「農業＋農的X」とでも言えるような彼らの生業は、それぞれが自らの生き方を見据えた中から見つけ出したものだが、彼らの取り組みは地域を巻き込み、活力を生み出している。中山間地への移住・就農の形として、モデルを示してくれていると感じる。

第Ⅱ部　移住新規就農青年たちの有機農業経営と地域づくり

第3章　環を大切に、笑顔を食卓に、大志を抱いて――2010年就農

――和ごころ農園　伊藤 和徳

はじめに～自己紹介～

私は、2010年に単身で白川町黒川に新規就農をしました。今は2児の父として家族4人で地に足をつけた暮らしを目指し、日々奮闘をしています。年間50品目ほどの野菜を育てながら、旬を大切にしたお野菜セットをお客様へ販売しています。他にも、お米、大豆、原木椎茸も栽培しています。少しずつ経営面積を広げ、いくつかのプロジェクトを立ち上げるまでになってきました。河川沿いに集落と田畑が広がり、ほとんどの面積は森林となっている、典型的な中山間地域で有機農業を営む1人として、未だ発展途上である農業スタイルをご紹介させていただける場を頂きました。ここでは、中山間地域の有機農業のあり方を見つけるために奮闘した、人間ドラマを綴っています。

私からは、

①これから農の世界に飛び込みたい人の背中を押し、アドバイスを伝えるために

②事例を豊富に紹介し、中山間地域の農業に関心のある方々への参考資料となるように
③この本を読んで下さった方と白川町でご縁をつなぐきっかけにするために

10年間経験してきたこと、これからの展望を書きました。

3部構成で、1では、農園を立ち上げるまでの旅立ちの話を、2では、数々襲いかかる試練からの成長記を、3では、新しい農家に向けた挑戦について、お伝えしていきます。各章の後には、コラムも用意しました。就農へのアドバイスや経営状況を紹介しています。参考になれば幸いです。

1　和ごころ農園、開園⁉　ご縁をつないだ冒険譚？

大学院を卒業し、就職したのは2004年。名古屋にあるセラミックス関連の会社へ就職した私は、セラミックスのフィルターを使って水処理をする事業部の開発業務に携わっていました。中学生の頃から環境問題に関心があり、環境系の仕事をすることが夢だったので叶った瞬間でした。ただ、実際の業務は、パソコン仕事が多く、自然の中に身を置くことはほとんどありませんでした。最新の技術を使って汚れた水を如何に綺麗にするか、対処療法的に使うことが中心だったこともあり、やりたいこととのギャップや違和感を抱くようになりました。モヤモヤしている中、本屋で出会った1冊の雑誌から一気に事態は急変します。

手に取った雑誌は、日経キャリアマガジン。資格でも取ろうかと手に取った雑誌の巻頭特集は、今こ

そいのちを大切にする仕事をしよう！というものでした。2004年の年末のことです。これだ！と衝撃が走ったのを覚えています。

この雑誌をきっかけにご縁がつながり、名古屋で、社会起業家を目指すコミュニティに参加させてもらうことになります。ここを通じて、半農半Xという生き方、ストローベイルハウス（藁のブロックを断熱材の代わりに使い、両側から土壁をつけて作る家）のことを知り、若い農家さんとの出会いにつながりました。これらは後に、大変大きな財産となりました。その話はまた後ほど。

この中でも1番大きかった出会いは、半農半Xの塩見直紀さんです。生活の中に、少しでも良いから、農に触れる時間をつくり、1つでも自給しながら、天職と思えることをXに当てはめて生計を立てていく生き方です。大変共感した私は、半農半Xで生きていくことを模索し、塩見さんが主宰されていた1000本プロジェクトというお米の自給プログラムに参加しました。2007年のことです。農の仕事が一気に身近になった瞬間でした。それから情報収集を本格化させ、出会った若手農家さんの輝いている姿に憧れ、まずは100％農業の世界に入ろうと決心し、研修先を探す旅に出ます。

ここで、なぜ半農でなく、農家になることを決めたのか、もう少しだけ詳しくお伝えします。私の中で大切にしていることが3つあります。1つ目は、すでにご紹介しましたが、環境問題の解決につながることに携わること、そして2つ目は、健康的に暮らすため食を大切にすること、3つ目は、団欒の時間です。あとの2つは、大学生時代に母をがんで亡くしたことが大きく影響しています。健康なことがどれだけ幸せなことか、そして、何気ない食卓での会話が、団欒が、いかに大切な時間だったか、思い知ることになります。農業という仕事は、家族でいる時間が多く、また結いの精神で食卓を囲む機会が多いです。しかも、有機農業なら身体が喜ぶものが育てられると確信し、有機農業を志すことにしました。

ただ、うまくコトが進みません。２００７、８年頃は、インターネットはかなり普及していましたが、ネット検索では農業研修させてくれるところ、農家になるための情報などかなり限られていました。農業人フェアなどにも行きましたが、有機農業というと、紹介できる情報がないと言われ続ける。

ここでも救ってくれたのは雑誌でした。たまたま農家さんを特集した雑誌を持っていたので、そこから連絡先を見つけ、１軒の農家さんに辿り着きます。

山梨県北杜市にある八ヶ岳Ｙｅｓファームです。北に八ヶ岳、南に富士山、西には南アルプス。絶景の場所でした。ＷＷＯＯＦのホストもされていたので、全国、海外の方たちと出会えるチャンスがあることも気に入り、研修させてもらえるよう懇願。無事に採用いただき、５年勤めた会社を退職し、２００９年、右も左も分からない農業の仕事が始まりました。

分からないことだらけでしたが、野菜の双葉が出るだけで心から喜び、毎日美味しい野菜たちを食べ、今でも交流が続く方たちの出会いがあり、あっという間の研修期間でした。もちろん、体力的に厳しい時もあるし、うまくいかないこともたくさんありましたが、全てが学びとなり糧となりました。農業の基礎を固めることができ、感謝しかない１年でした。

１年の研修が終わりに近づく頃、どこで農業をやるのか、新たな課題が出てきます。私が研修していた北杜市は八ヶ岳の麓であり、別荘地としても人気の場所。新規で農地が借りられる場所がないことで迷うことなく、当初より心に決めてあった東海地方で就農することで絞りこみをしました。

そんな中、サラリーマン時代に出会っていたストローベイルを広げる活動をしていた塩月家族とのご縁が活きてきます。ストローベイルに使う藁を、どうせなら有機栽培の藁を使いたいと農家さんを探していた時に出会ったのが、白川町の西尾勝治さん。名古屋から白川町黒川へ移住された塩月さんは、西尾さんの協力をいただき、食と住をつなぐ「はさ掛けトラスト」という活動を本格化されていました。イベント参加を通して、白川町のこと、西尾さんのことを知ることになります。

タイミング的にはバッチリでした。なんと、白川町で有機農業を盛り上げていく機運が高まっているという話が、塩月さんから舞い込んできます。2009年に、「有機の里づくり協議会」が立ち上がったタイミングでした。有機農業を盛り上げるために、是非、白川町で就農して欲しいという情熱におされ、西尾さんが紹介してくださった家、圃場がトントン拍子で決まったことから、これもご縁だな、と移住を決心しました。

黒川にした決め手は、これまでのご縁と、白川町で出会った人たちの人柄です。農地の条件などは二の次で決めた移住。いよいよ、1人農業がスタートします。

2010年2月4日。立春の日に始めたいと思っていた私は、念願の就農を果たし、和ごころ農園を開園します。農園の名前には、日本の心、輪となって広がるように、循環の環（わ）を大切に、大志（こころ）を抱いて、農園を運営していきたいという思いを込めました。平仮名の「わ」にすることも考えましたが、自分の名前の「和」を採用して決めた屋号です。

また、団欒を大切にして欲しい、食卓に上がる野菜たちで会話が弾み、笑顔になって欲しいという思いから、「笑顔を食卓に」をミッションにスタートしました。

意気揚々と移住した1月末に私を襲ったのは、想像以上の寒さ！マイナス10度近い日もありました。そして、春に野菜を育てる予定にしていた場所が、雨が降ると完全に水たまりになってしまう現実です。北杜市は、火山灰土が降り積もってできた土地でもあり、水はけがかなり良い地域で野菜栽培にとても適していました。研修期間中、畝立て作業をしたのはほんの少し。畝を立てなくても深い土と水はけの良さで野菜が育ちます。

一方、白川町では、ほとんどが粘土質の田んぼばかり。土は20センチくらいしかない所も多いです。田んぼは水が抜けていかないようになっているので、雨が降れば水は溜まるはずです。しばらく呆然と畑を眺めていた記憶があります。これはどうしたものかと・・・。

それでも、やるしかありません。自分なりに畝を立てることを考え、「水はけ」を視点にどこに何を育てるのか考えていきました。多少の困難は想定内。1年も立てば、当たり前のこととして、水が好きな野菜を育てたり、工夫を楽しめるようになりました。

概ね順調に旅立ちをした和ごころ農園ですが、2年目からは試練の連続。事件と試練の章へと続きます。

〈コラム①〉就農を考えている方へ　３つのアドバイス

1．どんな農業をやりたいかイメージしておくこと。
2．最低１年は農業研修を受けること。
3．移住する先が田舎なら、社交性や協調性、社会性を身につけておくこと。

１つ目と２つ目に関係する私の失敗談を紹介します。農業研修先を探していた頃、いくつかの農家さんに行って手伝わせてもらいました。その頃の私は、「半農半Ｘがやりたいのだが、まずは農業を勉強したい」と、バリバリ有機農業をやっている農家さんにとっては中途半端な理由に聞こえ、甘すぎると一蹴されてしまったことがあります。結構凹みました。

なぜ、農業をやりたいのか？何のために農家になりたいのか？どうやって農家になるか考える前に自問自答してみてください。

農業研修は是非受けて下さい。１年に１作しかできないものが多い農業。１から試していては何年もかかってしまいます。最低１年、どっぷりと師匠の元で勉強する方が近道になるはずです。

研修も終え、いよいよ移住して就農する時は、地域の中に入っていく覚悟を持ってください。若いなら消防団に勧誘されることもあるでしょう。地元の祭りや神社の掃除、自治会の行事は積極的に参加して、関わりを持っていくことが大事です。地域の中に溶け込んでいくことで、田んぼを借りやすくなったり、困ったことを助けてもらえたり、「結い」を感じられることが増えていくと思います。農作業だけでも大変忙しい中、田舎はそれ以外にも行事が多く、スローライフとは程遠い生活になることも覚悟してください。日々忙しいですが、とても充実してやりがいのある仕事です。是非、チャレンジしてください！

2　試練から見えた光～無肥料自然栽培への転換～

ここでは、次々と起こった3つの事件から和ごころ農園がどう変貌していったのか、お伝えします。

1年目の失敗を糧に始まった２０１１年（2年目）に1つ目の事件が起きます。

露地で育てていたトマトが1つの収穫もできぬまま、病気で全滅！青枯れ病という、トマトで発症するとどうしようもできない病気です。毎日、10株ずつは枯れていくトマト畑。広がらないように抜いた方が良いという情報から、実がつき始めているトマトの株を次々と抜く日々。焦燥感と夏野菜の代表格が出荷できない危機感に襲われた夏でした。

そこで、無農薬でも青枯れ病に対処していくにはどうしたら良いか、農家仲間から教えてもらって出会ったのが、無肥料自然栽培と種採りでした。この時に、接木と言われる技術に行かなくて良かったと今では思える出会いでした（２０１９年時点、トマトは接木苗を無肥料で育てています）。

病気にならなかった強い株から種を採り、来年につないでいく。それを、無肥料という常識破りの方法で育てていくことを試しました。土壌にいる微生物の助けを借り、野菜たちが本来持っている生命力を信じる農法です。２０１２年から無肥料栽培が3畝の面積で実験的に始まりました。

２０１２年10月。長男が生まれます。当たり前だけどとっても幸せな家族団欒。3人になることで生活が一変しました。仕事優先の生活から子供優先の生活になり、大変だけど、毎日子供と触れ合える時間が贅沢でした。子育てにも参加でき、日々成長していく我が子を見ながらできる農業は魅力的な仕事だと感じています。

３つ目の転作作物も微生物を増やすという視点で育てています。緑肥（野生えん麦、ヘアリーベッチなど）、大豆、小麦を転作しながら、有機物を補給して土を、微生物を育てています。緑肥を育てた後の野菜たちの生育は目を見張るものがあります！

飛行機が飛ぶことを科学的に完璧に説明できないのと同じで、微生物の働きが完全にわかっていなくても、農業はできると思っています。

ただ、日々生長する野菜や稲たちを観察する目は養っておかないと失敗してしまいます。これはどんな農法でも同じことだと思いますが、無肥料栽培では特に、気にしているポイントです。

無肥料栽培でもう１つセットで言われるのが、自家採種です。無肥料という環境でも元気に育ってもらうには、種の力は無視できません。その土地で育った野菜から種を採り、来年へつなぐ。年々、その土地、農法に合った種が育っていきます。野菜たちの一生を見届け、たくさんの命をつないでくれることに感謝する営みもまた、農の中で大切な一面だと感じています。まだ自家採種率は低いですが、少しでも多くの野菜で種を採り続けていきたいと思っています。

大きく収量を上げるのは簡単でない一方で、元気に育った野菜のパワー、味には圧倒されます。野菜本来が持つ特徴が際立ち、余韻が残る、滋味深い味わいを楽しめます。この味に近づくには、無肥料栽培が１番だと信じて、毎日畑に出て汗をかく日々です。

全国で少しずつ、無肥料自然栽培の輪が広がっています。経営との兼ね合いはありますが、チャレンジしがいのある農法ですよ。

写真１　無肥料栽培の人参

〈コラム②〉無肥料自然栽培ってどんな農法？

ここでは、無肥料自然栽培について少しご紹介します。農業は、農家の数だけ農法があると思っているので、こういう栽培をすれば、こう呼べますという定義はここでは紹介せずに、どういう「思い」で栽培する農法なのか、をお伝えしたいと思います。

とは言うものの、簡単にどんな農法か説明しますと、農薬は使わず、畑に何も投入せずに、大地の力と微生物たちの営み、野菜たちの力に頼った農法です。こう書くと聞こえは良いですが、「自然栽培」と呼んでいる割に、トラクターを使って耕すし、ビニールマルチを使って、草対策などをします。毎年大量のゴミが出てしまうのは大きな課題のひとつです。

無肥料で栽培するので、毎年肥料分は減っていき、将来的には作物が育たなくなるのでは？と言われることが多いですが、その心配は今のところ感じていないです。むしろ、「今までで１番良い出来！」と感動することがあるくらいです。

もちろん、無肥料で育てるためのちょっとしたコツや技術はたくさんあります。科学的なことから生物学的なこと、もっと幅広い分野にまたがっている「農」の世界。今は少しずつ勉強しながら（高校時代は物理と化学の専攻、大学時代は工学部）、毎年種をまいています。

無肥料で栽培する上で、大切にしている３つのポイントがあります。

①苗づくり
②土の状態
③転作作物

苗づくりは、一般的な教科書に載っている方法とは少し違い、できるだけ若苗で定植し、早い段階で土に根が広がるように育てます。トマトやナスなどは、第一花が咲く頃に植えると言われますが、私は、まだ花芽がつく前に定植するようにして、厳しい環境に早めに慣れるようにします。

２つ目が、１番大事と言ってもよいくらいなのが、地温です。微生物たちの活動を活発にし、野菜たちが生長する上でいかに地温を上げるかを大切にしています。ゴミになるので不本意ではあるのですが、現状は、ビニールマルチを使って保温をし、適度な湿度も保つようにしています。

２０１３年、２つ目の事件が起きます。生後３ヶ月頃から乳児湿疹が出始めた長男は、どんどん酷くなり、生後７ヶ月くらいで入院を余儀なくされてしまいました。栄養失調直前までいっており、とても可愛そうなことをしてしまいました。離乳食が本格的に始まるタイミングでの出来事で、全面的に無肥料自然栽培にするか迷っている時期でもありました。

そんな中、希望も見えていました。同じ時期に育苗した同じ品種のきゅうりの苗を無肥料栽培の圃場と畜糞堆肥を使った圃場に植え、比較栽培をしていました。長男が入院している初夏、採れ始めたきゅうりの味を比較したら、味の違いに衝撃が走りました！

全く違ったんです。無肥料で育ったきゅうりは、後味が爽やかで、甘みがあり、余韻が残る。別物でした。子供に食べさせるのに、このきゅうりにしなくてどうする？と自問自答。アトピーになってしまった長男のためにも、無肥料自然栽培の野菜を育てようと決意し、２０１３年の秋作から全面的に（95％の面積で）無肥料自然栽培へ転換することになりました。

２０１４年は1年を通して無肥料自然栽培に挑戦する初めての年になる予定でした。この年は、１月に人生初のインフルエンザになったの皮切りに、２月は大雪で育苗ハウスが崩壊し、雪かきで怪我してしまい、極めつけは、全身の倦怠感が襲ってきます。

ハウスの再建に、春の準備に無理をしたツケが6月にやってきます。田植えを終えてホッとしたからなのか、身体が警告を出しました。検査入院などを経て、心臓が感染症になっていることが判明。緊急手術……。

あまりにも急展開で頭はついていかず（逆に良かった）、不安に感じる暇もなく無事手術は成功。

1ヶ月半の入院生活を終え、稲刈りから仕事に復帰することができました。

リハビリ中に、色々と本を読み、考えました。もっといのちを大切にする暮らしをするにはどうするか？それを共有するにはどうするか？

もっといのちを身近に感じられる深い農業体験ができる場づくりがしたい！と辿り着きました。そこで、野菜の販売と並行してやっていた農業体験を一新することを決めます。自分の農園のために、から、世のため人のためにできる農業とはどんな農業か？模索がはじまります。数々の試練の中から見えたわずかな光の先の世界がどんな世界なのか、新しく始めた挑戦の章へと続きます。

3　「農業家」への転身のはじまり

病気をきっかけに生まれ変わり、第2の人生が始まりました。時系列ではありませんが、「世のため、人のため」という心境で始めた、今までの農業に加え新しく始めたことをご紹介します。

1つ目は、研修生を積極的に受け入れることにしました。国や県などの研修支援制度が充実してきたタイミングでもあり、農業を志したい人が増えていました。白川町でより有機農業が盛り上がっていくきっかけになればと、4年間で6名を受け入れました。

研修生に教えることの難しさを実感しつつも、一緒に学び合うことができ、私たちにとって有意義な時間となりました。体力的にまだ本調子ではない時期でもあったので、助けられたことも多かったです。

2つ目は、白川町が企画した、魅力発見塾に参加し、森を守るプロジェクトを立ち上げたことです。

この塾では、30年後の白川町を想像して、新たな魅力を発見して地域を活性化していくためのプログラムが用意されていました。

そこで私が考えたのが、整備が行き届かなく、本来の機能が果たせなくなってきた森を守るプロジェクトです。森が健全であることで、生命は守られています。水道の水はどこから来るのか？辿っていけば森につながります。その森に今、危機が迫っています。

実際、私が借りている田んぼに、水が入らなくなることが２０１８年から増えてきました。大雨が降ればすぐに増水し、雨が降らないと川の水位が取水できる高さまで保てなくなっています。森の保水力が確実に落ちています。ではどうするか？森に入って、木を間伐し、木を使っていくこと。そのしくみが楽しく回ることを目指したプロジェクトが、森を想う暮らしプロジェクトです。詳細は、ＷＥＢサイトをご参照下さい（http：/moriomo.life）。

３つ目が、地域の子供たちのためにできることを始めました。地元の保育園児に、さつまいもと大豆づくりの体験を提供しています。焼き芋を一緒に食べたり、枝豆を収穫した後に、大豆の種採り作業も一緒にやっています。そこで育てた大豆は、来年の種になります。３年やれば、種の循環も実感してもらえると期待しています。将来的にはたくさん育てて、味噌づくりまでやれたらと思っています。

４つ目が、紙一重で命をつなぐことができた２０１４年。悶々としつつも未来にワクワクしながら考え出したのが、いのちを大切にすることを実感できる場所づくりです。農業体験の深化プロジェクトでもありました。

まず始めたのが、サラリーマン時代に人生を変えるきっかけとなった１０００本プロジェクトを和ごころ農園でも開催すること。田んぼにロープを張り、区画分けします。１株からお茶碗軽く１杯のお米が収穫できると言われているので、１日３食３６５日分で計算すると、約１０００株植えられれば、１年分のお米を自給できます。しかもそれが、それほど大きな面積ではなく、50坪（6分の1反）ほどの面積でできる。この区画を手作業で、田植えから除草稲刈りまですすめ、最後の脱穀だけは機械を使って収穫を終えます。

田んぼに裸足で入ると大地と繋がっている感覚があります。台風の時に、住んでいる場所でなく、白川町の田んぼの稲が気になる。そして、秋には実りに感謝できる。主食を自給できる体験とあり、毎年リピーターでほぼ区画が埋まってしまうほどの人気な体験になっています。

ここでも、和ごころ農園が大切にしているキーワードの１つ団欒ができる機会を作ってい

写真２　はさがけの写真

ます。2015年に、家の裏に、「愛農かまど」というかまどを作りました。三重県にある愛農高校の関係者で構成されている愛農会が考案したかまどです。少ない薪で色々なことができるように設計されている、優れもののかまどです。

大切に育てたお米を、薪の火で炊き上げ、みんなで食べる。これほど贅沢で幸せな瞬間はありません。参加者の中には、藁でテーブルの装飾を作ってくれたりと実りへの感謝に花を添えてくださる方もいます。

単なる収穫体験ではなく、深い何かを感じとる農業体験が新生和ごころ農園の農体験となっていきました。

この流れはさらに新たな展開へと進みます。2015年に読んだ、食育菜園（エディブルスクールヤード）に大変感銘を受けたことがきっかけです。エディブルスクールヤードとは、アメリカのカリフォルニアにある中学校で実際に起きた奇跡のプロ

写真３　センス・オブ・ワンダーな真紅の赤米の穂.

ジェクトです。荒廃した中学校に学校菜園をつくり、野菜を育て、自ら調理してみんなと頂く、一連の食の営みをメインプログラムに据え、学校を改革しました。先生同士の連携も図られ、社会の先生が菜園の先生と共同で授業をするなど横断的な取り組みが子供達の学びの姿勢を変えました。陰で支えたのが、オーガニック料理の母と呼ばれるアリス・ウォータース氏。彼女の哲学にも感銘を受け、農園というフィールドでも子供達のためにできることがあると新しい食育体験を考えました。

それが、EDIBLE KUROKAWA YARDという食育体験です。エディブルスクールヤードの哲学を参考に、地域全体（白川町の黒川地区）に広がっていくことを夢みてつけた名前です。クラウドファンディングにも挑戦し、野外調理場と生ゴミを堆肥化するための堆肥舎を建築することができました。２０１７年より年間プログラムとして始動しています。

目指すところは、種から食卓までの一連の流れを

写真４　EDIBLE KUROKAWA YARDの田植え体験の様子

五感をフルに活用して体験しながら、センス・オブ・ワンダー（自然の美しさにめ目を見張る感性）を育むことです。私から何かを教えるというより、自由に感じる場所として、家族が集まる場づくりを進めています。

５つ目が、農と暮らしと文化をつなぐ活動を始めたことです。農とは、土に根差した営みであり、生きていくには欠かすことができなかったものです。自然に畏敬の念を感じ、実りに感謝し、豊作を祈る。各地に残るお祭りや文化も全て農とつながっています。農と暮らしと文化をつなぐことが、中山間地で有機農業をする意味の１つではないかと思うようになっています。

２０１７年に、生業としての農業に、自然保護や文化の継承を担える可能性がある、薪火三年番茶に出会いました。奈良県で自然栽培のお茶づくりをされ、全国に三年番茶を広める活動をされている健一自然農園の伊川健一さんです。伊川さんの勉強会に参加したのをきっかけに、私が借りていた茶畑でも三年番茶を作らせていただいています。

三年番茶とは、３年間、茶の木を生長させ、枝ごと収穫、１センチほどに寸断したのち、茎と葉を分け、それぞれ薪火で焙煎する。ポイントは３年間野生的に育てることと、薪火の遠赤外線でじっくり焙煎することです。それにより、とても身体が温まる、滲み入るお茶になります。

この三年番茶には３つのメリットがあります。

①放棄されている茶畑が、宝の山

②森の間伐材を燃料にでき、森の整備が進む

③雇用を生むことができる

茶畑がある地域が抱えている問題を一気に解決する可能性があり、お茶を飲む文化も守られます。身体も畑も森も地域もみんな喜ぶお茶で、全国各地で三年番茶処が増えています。

和ごころ農園では、まだ寸断するところまでしかできず、焙煎は健一自然農園さんにお願いしています。将来的には、白川町でも生産できることを目標に、今は広める活動をしているところです。

以上のように、農産物を生産し販売するだけでなく、人の暮らしを見直し、森と分断された関係を取り戻し、文化を継承していくための農業こそが、中山間地で生き残るための小さな農業だと感じています。

野菜をたくさん売ってこそ農家だろうという指摘はもちろんあると思うのですが、ここでは私の定義として、社会的側面を持つ農業をする人を農業家と捉え直し、今まで、肩書きを「里山農家」としていましたが、今後は、「里山農業家」として転身していくための5年間だったと振り返っています。

4　農園の運営とこれから

最後の節では、まず、現在の経営のことについて紹介します。様々な事件がありながら農法を変え、農業体験のプログラムを増やし、今の経営状態になっています。

(1) 耕作面積

田んぼが7反、畑が7反の計1町4反ほどです。田んぼは1000本プロジェクトの体験用に2反使っているので自分で栽培するのは5反です。

中山間地の畔つき圃場で計15枚あるので、奥さんと2人でしっかり草を管理してやっていくには中々チャレンジングな広さです。地域に担い手がいないので、余力があればまだ増えていくくらいの実情ですが、現状はこれで一杯一杯なのが正直なところです。

(2) 栽培作物

少量多品目栽培で、年間40～50品目ほどの野菜を育てています。露地野菜に加え、大豆、お茶、原木椎茸などの栽培も少しやっています。この少量多品目栽培は有機農業の王道のような方法ですが、作業が煩雑になり、畑を計画的に回していく必要があります。一方で、まずは、自分たちの食卓が賑わい、季節感を味わいながら暮らせます。元々は研修先のスタイルだったのでそれを真似して始めた訳ですが、リスクの分散にもなり、この方法を続けています。

(3) 販売方法

販売は3本の柱で行っています。1番のメインは、旬のお野菜を詰め合わせたお野菜セットを宅急便で発送していることです。基本的には年間契約をして頂いて、定期便でお客様へお届けしています。飲食店や自然食品店にも出荷しています。

季節の移り変わりなどを届くお野菜で感じてもらったり、本当の旬の野菜がどれだけ美味しいかを味わってもらったりしています。

直接お顔の見える関係で販売できるやりがいがある一方で、小分け作業が煩雑になり、出荷作業で使える時間に限界があり、販売量を伸ばせる余裕がないのが課題です。

２０２０年現在、三年番茶と黒米玄米を使った玄米麺の加工品がありますが、今後はこの加工品を少しずつ増やしていきたいと計画中です。

２つ目が、直接顔を見て販売できる、名古屋栄オアシス21のオーガニックファーマーズ朝市村への出店です。お客様と直接コミュニケーションを取ることができ、農家さん同士のつながりも生まれる場になっています。

３つ目が、この野菜やお米の販売と並行して主宰している農業体験です。１０００本プロジェクトで田んぼの区画を12区画貸し出し、毎月1回開催している食育体験「EDIBLE KUROKAWA YARD」を日曜日に開催し、体験料を頂いています。週末を使うこと、準備に時間がかかるので、経営だけ見ればまだまだ課題は多いです。ただ、中山間地では、圃場が小さいからこそ農体験がしやすいと感じています。空気が美味しく、水が綺麗な環境であれば、農作業がより楽しくなります。工夫次第でまだまだ開拓できる分野だと確信しています。

内訳で見ると、お野菜セットの販売が65％、朝市の販売が25％、農業体験10％となっています。あとは、移住セミナーに登壇したり、地域の子供達に家庭教師をしたり、ノートの使い方を教える講師業もはじめているところです。

農産物の販売だけで経営を成り立たせていく意気込みで始めた農業ですが、栽培期間が8ヶ月しかないこと、地域づくりに関心が出てきたこと、やりたいことが増えてきました。

そんなタイミングで、新型コロナウィルス感染症が広がり、２０２０年は激動の1年となりました。生活様式が一変し、経済へのインパクトが大きい事態となりました。家でご飯を食べる機会、時間が増えたことから、お取り寄せで野菜を買うお客様が全国的にも増えており、実際、和ごころ農園の注文数も伸びています。免疫を高めたいとオーガニックのものを求める声が大きくなっているのも要因の1つかもしれません。ただ一方で、農業体験を1つの柱にしていこうと計画していた段階で、移動制限が出て集客できなかったり、感染症対策の整備を進める必要も出てきました。定期出店をしていた朝市は会場が使えなくなる期間が出るなど、販売チャンネルを複数持っていないと経営的な打撃が大きくなることを実感しています。

良くない事ばかりではなく、見方を変えれば、チャンスの時代でもあります。新型コロナの影響が出る前から、準備をしていた、半農半Xを学び合うオンラインコミュニティを２０２０年4月より始めました。今まではオフィスに近いところで生活する必要がありましたが、土が近くにある場所で暮らすという選択肢も増えてくると予想しています。そこで、私自身の初心であった半農半Xという生き方を、野菜を自ら育てて持続可能に、幸せに生きていく流れを里山農業家としてサポートしていこうと計画しています。

今後は、「里山農業家」として、里山で農業をすることの意味をもっと深めていき、発信していくことで新たな経営の柱にしていきたいと考えています。

２０２０年以降、ゲノム編集や人工肉など、食の世界にもバイオテクノロジーが一気に普及していくことが予想されています。いのちの営みとして、何を食べて生きていくかが問われる時代になると思っています。そして、気づいた人から、自分たちで食べる分は自分たちで育てていく流れがwithコロナの時代、益々大きくなる。それが、農家になるのか、家庭菜園をするのか、２拠点生活で野菜を育てるのか、多様なスタイルがあると思います。

日本の農業は歴史的に見ても、ほとんどの地域では、兼業で営まれていきた背景があります。これからは、新しい形で、農業が複業の1つになる時代になるかもしれません。

私はそんな人たちが集まる場づくり、コミュニティづくりに可能性を感じています。1人ではできないことでも、価値感の合う人が集まれば、解決できることが増える！２０２1年からコミュニティづくりを加速していきたいと思っています。この本を手に取った方でご興味ある方は是非一度、白川町に来て色々なモノやコトに出会って下さったら幸いです。私以外にも魅力的な有機農家が集まっています！

また、農業という枠を超えて、リトリートとしての農、禅と農、教育（脳）と農など、様々な組み合わせで、農の可能性を広げていきたいと思っています。

里山だからこそできる農業のスタイルを貫き、日本らしさ、日本の美しさを継承していきたいです。

そして、持続可能な農業にしていくための経営センスをもっともっと磨いて、大地に根差した暮らしを家族と一緒に営んでいきたいと思います。

最後までお付き合いいただき、ありがとうございました。

和ごころ農園のホームページ、半農半Xアカデミア関連のリンク先をご紹介しています。アクセスお待ちしています。

1　和ごころ農園ホームページ
http://wagokoro.xyz/

2　参考までに、２０２０年より始めたコミュニティについて２つ紹介させていただきます。
自然栽培で半農半Xアカデミア
自然栽培で少しでも自給的な農を暮らしの中に取り入れ、半X（天職、社会的仕事）を実践し、幸せに生きていくことを学び合う、コミュニティサロンです。
オンラインで動画やメールで学び合いながら、畑などでも集うコミュニティです。
・なぜ、半農半Xなのかを動画でレクチャーしております（無料）。
http：//wagokoro.xyz/page-799/

・半農半Xアカデミアの紹介ページ
https://on-line-school.jp/course/jibundesignacademia

3．三年番茶を楽しむ会
CAMPFIRE のコミュニティページに紹介があります。
https://community.camp-fire.jp/projects/view/224752

【伊藤 和徳（いとう　かずのり）プロフィール**】**

和ごころ農園　代表。里山農業家。

１９７８年　愛知県生まれ。

２００４年　北海道大学大学院工学研究科修士課程修了

２００９年に5年間務めた会社を辞め、山梨県の有機農家で1年の農業研修を受ける。

２０１０年にご縁でつながった岐阜県加茂郡白川町黒川に新規就農。地に足をつけた暮らしを目指し奮闘中。少量多品目栽培で年間40品目を無肥料自然栽培で育てる。

お米の自給プログラム「１０００本プロジェクト@黒川」を２０１５年よりスタート。毎年すぐに区画が埋まる人気の、「人生を変えちゃう農体験」を継続中。

「農家版エディブルヤード」を２０１７年よりスタート。五感で愉しむこと、センス・オブ・ワンダーを育むことを目指す。

２０１８年より、日本ノートメソッド協会公認の方眼ノートトレーナー、方眼ノートｆｏｒＫＩＤＳトレーナーになり、ノートでミライを変えるお手伝いを始める。

２０２０年より、オンラインコミュニティサロン「自然栽培ＤＥ半農半Ｘアカデミア」を主宰。メンバーと共に、半農半Ｘの実践を学び合う。

第4章　田舎の豊かな生活と都会とをつなげ、自給的な暮らしを目指す
――2012年就農

――暮らすファームSunpo　児嶋　健

1　有機農家になるまで

(1) はじまりは二足の草鞋から

今でこそ畑や田んぼで一年の大半を過ごす生活をしている私ですが、学生時代のわたしからすると全く想像もしていなかった姿です。大学で基礎工学を学び、そのままの流れで何の迷いもなく新卒で自動車関連会社に就職したのが2002年。約十年間技術者として勤務しました。その間の経験や出会いが今の私にとっても財産であることは間違いありませんし、職場環境や仕事として大きな不満があったわけでもありません。ではなぜ、収入的には安定した会社員をやめてまで有機農家になったのか。

実はそのころ、会社員として勤務する傍ら、週末はアウトドア会社のスタッフとして働いていました(今でこそ言えますが、おもいっきり副業です)。平日はオフィスや工場で過ごし、週末や休日は田舎の川や山などのフィールドで過ごす。肉体的には超ハードワークでしたが、この充実感は今でも記憶と身

体に沁みついています。今から思うと、その二足の草鞋からの学びがまさに有機農家への道標となっていました。

(2) 対立軸からの学び

その二つの職場はあらゆる面で違いました。組織、人種、価値観、ビジョン……。どちらが良い悪いではなく、とにかく全く違うコミュニティー。その中で世の中は多様であり、生き方や生きる目標ですら多様でいいということに恥ずかしながら、そのとき初めて気づくことができたのです。

今でも鮮明に覚えているエピソードがあります。当時アウトドア会社に勤めていた友人と飲んでいたときのこと。珍しく真面目な話題になり、人生のテーマについて話しこんでいました。友人のテーマは「人間は遊ぶために生まれてきた、だから人生を遊ぶ！」今でこそ、人間らしくとか、働き方改革だとかよく言われますが、当時はまだまだ日本の経済の右肩上がりを疑わず終身雇用で働くことが一般的で、個より組織というのが多数派だったと認識しています。一方、当時勤めていた会社の上司は「給料は我慢代だ」と断言していました。お金のためなら嫌な仕事も我慢しろという理論です。これほど働くことに対する動機付けに差があるものかと頭を殴られたような衝撃を受けました。(その上司は特に極端な表現をすることがありました。) 良い悪いはありませんが、健全かどうかはありそうです。もちろん、勤務していた企業にも、キラキラ目を輝かせて仕事をしていた方も多くいたことを補足しておきます。

その多様な環境で数年間過ごすうちに、多様な価値観を受け入れられるようになり、多くのことへの興味が湧く一方で、問題意識もめばえるようになってきました。何を大切にしたいか、という観点から特に環境問題への疑問や興味が自分の中でどんどんと大きくなっていきました。このとき辻信一さんという文化人類学者の方が書かれた本に出合いました。これもわたしをエコシフト（エコシフト：ここでは自然環境の保護・保全といったエコロジーファーストの考え方へシフトすることとして使っています）に導いてくれた大きな出会いでした。偶然、書店で出会った書籍ですが、心を揺さぶられるほどの感銘を受けたのを覚えています。

価値観の対立軸

競争	⇔	共有
仕事	⇔	遊び
組織	⇔	仲間
利益	⇔	環境
工場	⇔	自然

図１　価値観の対立軸

(3) 社会問題解決を仕事へ

環境問題を考え、持続可能な社会を思い描くようになった私は、自分の暮らしを徹底的に見直すようになります。着るもの、食べるものなど、より環境にインパクトを与えないものを選択する。まずは消費活動をエコシフトさせていくことにしました。そうなってくると、自分の毎日の仕事が環境問題の解決に直結していないと、どうもモチベーションが保てません。いよいよ自分の本業自体のエコシフトも考えるようになったのです。

本業のエコシフトといっても全くの手探りです。社会起業家の書籍を読んでみたり、セミナーやワークショップに参加してみたり。自分で階段をつくっていくような道のりでしたが、今から思うと、本当に自分がやりたいことが何か探していた時間はとても充実した時間でした。

そこで行き着いた答えは『エコロジーショップを開業し、お金の流れをエコシフトさせたい』といったものでした。このときは結婚もして、子どもを1人授かっていました。それでも不思議と何の迷いもありませんでした。

（4）暮らしを揺るがせた2つの事件

少し時間軸が前後しますが、わたしのエコシフトを推し進めた2つの歴史的事件があります。

1つはリーマンショック。今から考えると不思議ですが、右肩上がりの業績を疑わなかった自動車業界の業績がリーマンショックで赤字に急転しました。社内でも緊縮策がひかれ非常事態。これが会社の大きな事故や失態が招いた結果であれば理解できます。それが異国の異業種のバブルがはじけて、それが私たちの生活にまで影響するとは。自分の暮らしは自分の手の中にないことを実感しました。

そして、もう一つは東日本大震災です。言わずと知れた人類史上最悪といってもいい環境汚染災害でした。自分たちの知らないところで、とても無責任な事実を未来に押し付けていることを知りました。自分の暮らしに直結しないと、なかなか当事者意識をもてないのは情けないものです。

言うまでもありませんが、この問題は現時点でもなにも変わっていませんね。グローバル経済格差でいえばさらに悪化している面もありそうです。私たちはまだまだ、深刻な問題に対して解決策を見出さず先送りにして、無責任に子どもたちに押し付けているのが現実です。ああ申し訳ない。

（5）導かれるまま有機農家へ

エコロジーショップといってもメインに考えていたのは、有機野菜の販売でした。環境に良い農業に貢献し、食料自給率を上げる。それが地域経済を活性化し、農村が活気付き、小さな自立した経済圏となるコミュニティを形成することが環境問題や格差問題などの解決に直結する、という思考です。思い立ったら行動！ということで有機野菜の取引作を模索するため、農山村の有機農家の方たちを訪ね歩きました。会社員をしながら週末や休日に農家さんのお手伝いをさせてもらったりもしました。ところが、その農家さんと接する中で、もっと深いエコシフトに惹かれるようになります。暮らしの質の高さ、仕事への想い、とにかく何より生き方がかっこいい！と思ったわけです。帰りの道中で奥さんが「こういうところで暮らしを見直してみるのもいいなー」と言っていたのは印象に残っています。

そう思い出したら止まりません。有機農家になるべく突き進んでいきました。それなりに就農相談へ行ったり調べたりといったことはしましたが、ご縁に導かれ気づいたら白川町で就農していたというのが実際です。

（6）社会性は正当化だった？

今から振り返ると、エコロジーショップから里山で暮らそうとシフトしたタイミングが、実は自分が本当にやりたかったことへシフトしたタイミングだったように思います。会社員を辞めるために社会性で自分を正当化していた（自分でもそれには気付いていませんでしたが）のだと思います。本当に自分がやりたいことに正直になったとき、そのエネルギーは凄まじく、とにかく没頭でき、また不思議といろいろなご縁にも恵まれてシンクロニシティーの連続でした。これは思い込みではなく、確かな事実です。その経験もあって、なにか迷うときや選択に迫られる場面では自分たちの気持ちに正直になるように努めています。正直であれば社会性も付いてきてくれるだろうと。あと、変にかっこつけてみたり、自分を大きく見せることもなくなりました。というより、そんなことを必要とする機会や場面もなくなりました。自然が相手の農業ではそんなの通用しません。本当は多少融通きいてくれると助かるんですけどね。

そんな成り行きで導かれるように里山の有機農家になりました。

2　農園『暮らすファームＳｕｎｐｏ』スタート

(1) そもそも有機農家ってなに?

そんなわけで有機農家になった私たち。農園名は『暮らすファームＳｕｎｐｏ』。Ｓｕｎｐｏとは……一歩、二歩、三歩と着実に前進しようという想い。「散歩」をしているように時には寄り道をしながら、楽しく。そして「Ｓｕｎ」太陽のめぐみを忘れず、感謝して。田舎の豊かな生活と都会のライフスタイルとをつなげていきたい、そして「自給的な暮らし」を目指す農園にしていきたいという想いを〝暮らすファーム〟という名前に込めました。「食べることは生きること。生きることは食べること。」食べる、ということは命をいただく〟ということ。農薬、放射能問題、食品添加物に遺伝子組み換えの危機……。今の日本には思わず目を背けたくなるような問題が山積みです。でも、これらすべてはわたしたちのカラダ、ないしは生命を脅かすもの　もう誰かのせいにはしたくない。もう誰かの言うとおりにはしたくない。もう誰かにすべてを任せたくはない。その想いから環境に極力インパクトを与えず、自然界と共存していく方法で農業をやろう、そう夫婦で決意しました。それも自分たちが育った大好きな岐阜の地で！生命が宿る食べ物を生産すること。それをひとりでも多くの人に味わってもらい健全な食を広めること。そして食だけではなく、岐阜の里山での丁寧で穏やかな暮らしを、おしゃれに楽しく提案していきたいと思います。（農園ホームページより。開園当初の思いです。）本気でそう思っていたし、今でも本気でそう思っています。ウソみたいな本気なんです。そんな農園がわたしたちの有機農家の定義です。

(2) 暮らすってなに?

とはいうものの、暮らすって何なんでしょう？寝食の確保、子どもがいれば教育、趣味や余暇の楽しみなど、またそれらを満足するために経済活動を行うこと。現代の定義としてはそれほど間違ってないように思います。わたしも以前はそれほどの違和感はありませんでした。現代社会のシステムに乗っていれば、それなりに賃金を稼ぎ、欲しいモノを手に入れ、余暇を楽しむことができるようになっています。極端に表現すれば、先進国である日本の暮らすシステムは実に効率よくできています。なにも不安がないように思えてきます。でも、果たして本当にそうでしょうか？人間が暮らすって、そんなことでしょうか？

(3) 暮らすは効率化できない

そんな日本人の効率的な暮らしは、どこかの誰かや、自然のどこかの犠牲の上に成り立っています。

食事のファースト化や労働の機械化、どこもかしこもスマート化が叫ばれています。効率化すればするほど、何らかの犠牲は大きくなってきます。そんな方向にますます世界中が向かおうとしていることに恐怖すら感じるし、人間の本能を疑いたくなってきます。そんなスマートに機械や他人に大半をコントロールされている暮らしって、自分の人生を暮らしているとは到底思えません。効率できないこと、わざわざ面倒くさいことに、暮らしの本質が見えてくると思うのです。

その点、里山暮らしは最高に面倒くさい。未だに続く伝統的な消防団の活動や、近隣住民との深いお付き合い、刈っても刈ってもキリのない雑草の草刈り。そんな非効率的なことが最優先されます。消防団活動なんて、10％は消火活動、残りはお付き合い。90％ぐらい意味ないことやっているんです。90％のお付き合いが、10％の大切なことを決定づけたりする。これは理屈じゃなくて身体知で、本能で感じることとしか言いようがない。だから顔をあわせない言語や画像がメインのコミュニケーションには不安を感じます。面倒くさいことをお互いに積み重ね合って暮らすことで、安心安全な実態あるコミュニティを形成することができる。実にスマート化とは真逆の考えですね。

（4）里山農業は農業と似て異なる

そんな里山で暮らす農業は、産業としての農業とは少し異なるものであると意識しています。利益を優先させた効率化や標準化では暮らしを置き去りにしてしまったり、地域循環を蔑ろにしてしまったりといったことが発生します。自然の循環性の中で命をつなぎ、面倒くさく暮らしていくのが里山農業だと思っています。

写真1　シェフをよんでの農園レストラン hygge table（2）

3　新しい里山暮らしへ

(1) 楽しくはみだす

農園で進めていることは『新しい里山暮らし』。新しいとは、常にチャレンジングであること。自分たちがワクワク楽しめているか、なにかに捉われてしまっていないか。自分たちに問いかけながら前進するようにしています。その部分がないと、きっと魅力を感じてもらえない。非効率な暮らしをしっかりと楽しくブランディングし商品化することで、きっと都市部の消費者にも共感、共有してもらえる部分が生まれてくるはず。伝統や地域の在り方を重んじながらも、少しだけはみだすことで、新しい情報発信ができるのだと思っています。

(2) やりたいことをやるって難しい

チャレンジングであり続けることは、学び続けることです。農園の肝である暮らしということと、実際に自分たちでやれるツールとを行ったり来たりしながら、トライアンドエラーを繰り返し、学び続けています。そうすることでやりたいこと、かつ新しくチャレンジングな発想が生まれてきます。やれるかどうかはやってみてから考えます（笑）。

とはいえ、これが自己満足でただのエゴで終わってしまっては農園としては成り立ちません。自分に正直であることは間違いないのですが、その考えが自然や地域にも正直であることもすごく重要で、そうすると多くの人にも喜んでもらえるものが生まれてきます。その小さな循環づくりはとても楽しくて

写真２　藁を使ったSHOP兼アトリエのSunpo Hygge

魅力的な仕事だと思っています。その循環が常にまわっていてアイドリング状態が続いている状態が新しい里山暮らし。そんな農園や地域が理想です。

(3) 地域の魅力

日本全国どこにでもある中山間地で、特有の魅力って何なのか。特産品や農体験はどこにでもあるし、デザイン性が高くておしゃれな商品やサービスもそこら中にあります。景色や自然環境もよっぽど特別でない限り差別化は難しい。

その中で決定的に違うもの。千差万別ちがうものは、人です。地域の特性や特色は人であると言っても言い過ぎではありません。農園がある地域でも、集落ごとに人による特色があります。

農園ではキャンプやシャワークライミングなどのアクティビティ事業も展開しています。それを地元の若者(これも消防団活動で仲良くなった友人たち)に手伝ってもらっています。過疎が進んでいる山奥の中山間地ではよくあることですが、「こんなところでは稼げないから、都会へ出て行っていいよ」と親から子へ伝えらるのが現状です(最近は少し変わってきていますが、まだ名残はあります)。そんな風に育ってきた若者たちにとって、都市部からきた人たちが地元を称賛し、喜んで遊んで帰っていく。

写真3　農園の畑キャンプにて鶏を絞めていただくワークショップ

写真４　源流でシャワークライミング

しかも自分たちの里山での暮らしの知識やスキルを肯定しれくれる。それが彼らの自信になることももちろんですが、地元愛も強くなるようです。そういうことがポジティブな連鎖を生み、子どもたちへと繋がっていくと思うんです。そんな地元を愛する人たちが地域の最大の魅力だと思います。農園を介してそんな循環のお手伝いができればと思っています。

（4）暮らすコミュニティ

関係人口が方々で語られるようになってきました。消費活動がモノから、コトへ、そして人との関係へと変わってきています。時代や年代が移り変わり、社会のニーズや消費活動も変化しています。その流れもここのところ急激です。里山農業にとっても、その部分を敏感にキャッチしていく必要があると思っています。だからこそ、都市部に出て行ったり、都市部との関係

写真５　子どもサマーキャンプの一コマ

性を築いていくことは非常に重要になってきます。都市部との関係性を築くための、共感性があり共有できる商品やサービスを提供していく必要があります。そこにも必ず人が必要になってきます。『農』と『食』によって『人』をつないでいくこと。その『人』たちと、より深くつながっていくために日々思考を巡らせています。

(5) 里山まるごと遊び

暮らしに根づいた農園の事業は多様です。
・農園部門：野菜の生産・直売・卸販売
・アクティビティ：シャワークライミング・バーベキュー・キャンプ・イベント
・お花部門：お花の生産・販売・ワークショップ
・お店部門：アトリエ兼ショップ『Ｓｕｎｐｏ Ｈｙｇｇｅ』の運営
ショップと農園を使ったマルシェ『Ｈｙｇｇｅ Ｍａｒｋｅｔ』の運営を開始。都市部と農村部をつなぐ場所づくりをしています。

また近隣農家仲間と共同生産、共同出荷に取り組み、中山間地での野菜生産の可能性を追及しています。

まだまだ課題は山積ですが、何もないと言われがちな里山を、まるごと遊び場に変えることで、都市部の人が通ってくれる場所へ変えたい。そんな思いから農園を軸とした多様な事業を展開しています。どうぞ機会がありましたら是非お越しください。

【児嶋 健（こじま　けん）プロフィール】

暮らすファームＳｕｎｐｏ（サンポ）代表

https：//farm-sunpo.com

１９８０年　岐阜県岐阜市に生まれる

２００２年　東京理科大学基礎工学部卒業

２００２年　自動車関連会社にて約10年間、技術者として勤務

２０１２年　白川町黒川に移住し有機農園を開業

学生時代に1年間を北海道の農村部で過ごし、自然の中で過ごすことの豊かさを体感。そのときの経験から就職後も週末などはリバーガイドとして活動し、現在の里山暮らしへとつながっている。生産のみをおこなう農家ではなく、里山まるごと遊びをコンセプトに農を軸としたさまざまな事業を展開している。

第5章　半農・半林で、田や山を荒らさずここで暮らす――2013年就農

――田と山　椎名　啓

自己紹介

私の名前は椎名啓と言います。妻と娘と3人で白川町の佐見地区という所に暮らしています。

私の出身は茨城県、妻は福岡県です。前職は衛生機器メーカーの開発職をしていました。大学では建築を専攻して、大学院まで進みました。卒業後、東京愛知で6年ほどサラリーマンをした後、2013年に脱サラして移住、新規就農し現在に至ります。

1　脱サラしたきっかけ

これが決め手、というはっきりしたきっかけはありません。自分の生き方、という漠然としたテーマについて、幼少期から今日までの体験により蓄積されて来た思いが少しずつ強くなっていったのがきっかけでした。そして思いが膨らむきっかけになった体験がいくつかありました。

それは私の趣味や幼少期の体験、それに出会った人たちと大きく関係しています。私の趣味は、登山と自転車ツーリングでした。サラリーマン時代は、夫婦で毎週のように登山に出かけていました。また、学生時代の自転車ツーリングではテントを持って様々な土地を巡り、都市部だけでなく、山間地や海沿いの町、それに景勝地や名もない集落など様々な風景を見ました。テント泊と自炊がメインだったので、行く先々のスーパーや地元の銭湯に入ったりして、様々な人たちの暮らしと触れ合える旅でした。

どこにでも人が住んでいるのだな、と言うのが率直な感想でした。地方の観光地、山の中、港町、いわゆる僻地と言われるような場所でも家がありそこに暮らしがあり、商店や銭湯がありました。そして、そこで紡ぎ出される風景と言うものに漠然と興味を持ちました。特に山間地を訪れた際に見る風景は、子ども時代によく遊びに行った祖母の家を思い出させるものでした。

今思えば、茨城県北部の山間地にある祖母の家では、子どもながらに様々な経験をしました。夏休みになると水着を着て家を飛び出し、皆で家の前の沢で泳ぎました。渓流を遡ったり魚を釣ったり、家の裏の原木しいたけを採って来ては七輪で焼いて食べました。家の裏にひっそりと建つ小さな社の雰囲気を気に入ってよく見に行きました。祖母の田んぼの手伝いをしたり、筍を掘ったりもしました。山中にある大きな岩まで、父とお供え物を持ってお参りに行ったこともおぼろげに覚えています。

その頃には特段の意識をしていませんでしたが、北茨城の山間にひっそりとあるその集落の風景や、冬のピリッと冷たい空気、それに楽しみながらも山や川など自然の持つ不気味さへの好奇心などが、原風景として記憶に焼き付けられています。

愛知県で働いている折、東日本大震災が起こりました。会社のビルがゆっくりと大きく揺れたことを覚えています。その晩テレビから流れる映像に大きなショックを受けました。津波で海岸に数百の遺体が浮かんでいる。裏山の崖が崩れて家族全員巻き込まれて泣いている人。子供を失った親、親を失った子ども。人間はあっけなく死んでしまうんだと言うショックは我ながら大変大きく、漫然と生きて来た自分について見直すきっかけにもなりました。格好良く言うと、一度きりの人生、自分のやりたいように生きてみたい、と強く思ったきっかけでした。

また、色々な生き方をする人たちとも出会いました。自転車の趣味を仕事にする方、工場経営の方、焼き物作家、農家、写真家の方など。サラリーマン家庭で育ちあまり多様な価値観を知らなかった自分にとって、日本各地の様々な場所で、多様な生業を持った生き方をする人たちと接したことが大きな刺激になりました。

自分の住みたい環境で、やりたいこと、やれることを仕事にして暮らすということが、それ以降の自分にとってのテーマになりました。それを実現できるのが、原風景でもある山間地であり、自然に即した暮らしでした。決して楽をしたいとかのんびり暮らしたいという訳ではなかったですが、自分たちの力で、自分たちのペースで暮らしたいと思いました。

そして当時の僕たちがそんな田舎暮らしを実現する手段として考えたのが、農業でした。

僕たちは、朝日が出たら起きて働き、日が沈んだら家に帰り家族で過ごす、昔の人たちの知恵から学び、自分たちの食べるものを自分で作り、伸び伸びと子供を育てる。妻ともそんな話をしたと思いますが、はっきりとは覚えていません。ただ僕たちはそんな暮らしを理想像に描いてイメージを固めて行きました。

2　移住地探し

会社を辞めて山間地に移住し、新たな仕事を始めようと考えてもまず何から始めれば良いか見当もつきませんでした。愛知県の就農相談センター、大阪の新規就農フェアに行って見たものの、いまいちピンと来ません。山が近いという理由で長野県に焦点を当てた僕たちは、レンタカーを借りて長野県の南の地域の村や町を走ってみたりもしました。景観はよかったものの、何をどう作ってどのように売るかイメージできていなかった僕たちにとって決定打はありませんでした。

そんな折、名古屋で毎週開催されているオーガニックファーマーズ朝市村を見つけました。朝市村は、無農薬の農産物を栽培する農家さんたちが直接売りに集まるマルシェで、毎週開かれて現在で17年になります。生産者から直接購入できること、加工品よりも生鮮品をメインにしていることが特徴的な、いわゆる市場です。

毎週20から30ほどの出店者がテーブルを並べ、開始の鐘がなる頃にはどのお店にも行列ができているほど活気のあるマルシェです。

僕たちはその朝市の出展者ブースを周りながらどんな品物が並んでいるのか、どんな方達が出店しているのかを漠然と見て回りました。そして片隅に新規就農者相談コーナを見つけました。そこで初めて会ったのが、朝市村村長のよしのたかこさんでした。僕たちは、脱サラして新規就農したいと考えていること、できる場所を探していることを伝えました。僕たちの漠然とした話を聞いたよしのさんがこう言ったことをよく覚えています。

「海が良い？ 山が良い？」

僕たちは即答しました。「山です」

この会話が切り口となり急速に伸展して行きました。「なら白川町ね」と言って、まずこれも就農後大変お世話になっている西尾勝治さんに電話してくれました。電話口で次の週に白川町の西尾さんに会いに行く段取りをつけてくれたのでした。遅々として進んでいなかった我々の移住地探しが、一気に動き出したのを感じました。

翌週、車を持っていなかった僕たちはレンタカーを借りて白川町の黒川を訪ねました。白川町の黒川は、飛騨川沿いの支流黒川沿いに長く伸びる地域でした。黒川沿いを車で走りながら、渓流や石積みの田、それに迫る山を見て良い景観だと思ったことを覚えています。

西尾さんの家のテーブルで自己紹介をし、漠然とした考えを話し、そして和ごころ農園の伊藤さんを紹介されました。こんなことを聞かれたのを覚えています。

「どんなスタイルの農業がしたいんですか」

僕たちは何も答えられませんでした。今思うと、何も具体的に考えられていなかったのです。少量多品目の野菜をお客さんに直接配送するか、品目を絞ってスーパーなどに卸すか、どんな作物を作るのか、作れるのかも決まっていませんでした。

西尾さんの圃場で栽培している作物を見せてもらいました。大豆、そば、原木椎茸、そしてお米などでした。僕たちはお米を作っていることを聞いて驚きました。お米はたくさんの大型機械を持つ必要があり、初心者にはハードルが高いと聞いていたからです。「お米って作れるんですか？」「うん、作れるよ。簡単だよ」ととても軽く西尾さんは返事してくれました。何も知らない僕たちにとってそれは目から鱗でした。

野菜というよりも、日本人の食に深く根ざした穀物、主食であるお米、山の産物の椎茸。山間地の地の利と綺麗な水を活かしたこれらの作物を作りたいと思いました。

また、黒川地内の空き家も少し見せてもらいましたが、ちょうどその頃は空き家が少ない状況で、その場で佐見地区の中島克己さんに電話してくれました。すぐに佐見地区も見に行くことが決まったのです。

その帰り、妻と話したことを覚えています。白川町を訪れて山間に広がる集落と、渓流、人里の景観に惹かれたこと。日本人の主食であるお米、それに様々な料理に欠かせない大豆。山間地の特産、原木椎茸、そばなど。野菜と言うよりも、いわゆる穀類を作りたいと、話が固まって行きました。

売り方も、朝市などでの対面販売と、ネットでの直送を組み合わせた売り方をしたいと考え始めました。なるべく、自分たちの思いをお客さんに直接伝えたいと思ったのです。

二週間後に佐見地区の中島克己さん宅を訪ねました。佐見へ向かう車内で、僕たちは佐見川の作る景観に魅了されました。佐見渓谷とも言われる佐見川は美しい清流で、川のすぐ脇を車で遡っていきます。途中の車窓には昔ながらの石積みが見られ、道路も綺麗に整備されています。道の脇に建つ家々も庭などは小綺麗に片付けられ、整然とした美しさを感じました。今になって思うと、地元の有志で年に数回佐見川の整備作業をしており（現在では私も参加）、そのおかげで川沿いの景観が美しく保たれていたのだと思います。

中島克己さんは慣行のトマト栽培をしながら、お米、野菜を有機無農薬で作っている農家さんで、就農後の暮らし方や考え方について様々なアドバイスをくれました。特に、無農薬で作る田んぼについての思いはとても熱く、田んぼの生き物への愛情は今でも誰にも負けない程だと思います。また、佐見地区の成山集落は中島さんたちが30年ほども前に立ち上げた有機稲作のグループができており、心強い存在になりました。今考えると中島さんとの出会いは、佐見地区に住む大きな契機になりました。

ここが良いな、という思いを強めていった僕たちは空き家を探すことにしました。

二度目の訪問で克己さんの家を訪ねる前に、家を探したいと伝えておくと、中島さんは佐見地区内の製材所に連れて行ってくれました。現在でも林業仕事でお世話になっている今井製材所の今井さんでした。空き家を探している、と伝えてもらうと、稲田地区に空き家があるぞ、と教えてくれ、稲田地区の大工さんのところに連れて行ってくれて空き家を見せてもらいました。そこはこの辺りにしては小さな二階建ての家でしたが、僕たちは田んぼの脇、三叉路の角にポツンと建つその小さな家を気に入りました。

田んぼは今井製材所の空いているところを使えば良い、と心強い言葉も頂き、一気に移住が現実味を帯び始めました。自分たちの住める家がある、と分かったことはとても大きな前進でした。今思えば、朝市のよしのさん、西尾さん、中島さんと、鎖のように繋がった人のネットワークを少しずつ辿ることで、移住先、家探しがうまくいったのだと感じます。

佐見川という渓流。ポツンと立つ小さな一軒家。田んぼも畑もある。そして有機ハートネットの西尾さん、伊藤さん、中島さんという頼れる存在。これらの条件が合わさったことで、僕たちはこの家に住み、この地域で暮らそうと考えるようになったのです。

そこからはトントン拍子でした。今になれば、自分たちにとって何が大事であったかがよくわかります。

全国的にも少ない有機農業地、田舎暮らしをだいじにしたこのコミュニティの存在。また地元集落の方たちの多くが有機農家であるという事実と、長年かけてその先輩方が培って来た地元の方からの信頼。景観や家の条件ももちろんですが、ここに頼れる先輩たちがいる、ということがどれほどの安心材料になったか分かりません。

家を借りる算段を付けたりするために何度か佐見地区に足を運びました。ある時、ご近所の方が歩いてきました。挨拶もほどほどにこう言いました。「田んぼ、畑は俺のところを使って良いぞ」なんと家の近くに田畑が見つかったのです。その後もこの方は何かにつけて世話を焼いてくれ、右も左もわからない僕たちに移住当初の近所づきあいという高いハードルを越える助けになってくれました。

移住の前年には、集落の方全員が集まるお祭りで面通しをしてくれましたし、どんな機械を買えば良いか教えてくれたり、管理機、トラクターなどの機械を貸してくれました。

２０１３年の2月に僕たちは引越しをしました。妻は妊娠中でしたが、トラックを借りて自分たちで引越しをしました。

3　就農開始

引っ越して荷物をきちんと整理する間も無く、3月に入り農作業の準備が始まります。僕たちは、新規就農給付金の準備型補助金をもらわず、つまり研修を受けずに就農することに決めていました。理由は、3反の田んぼ、それに一反の畑を使わせてもらうことが決まっていたので、そこをおざなりにできなかったこと、近所に中島さんという頼れる師匠がいてすぐに聞けること、何より自分の借りた土地で、すぐに実践してみたかったから。ありがたいことに、近所の方にトラクターも、管理機もお借りできることになり、細かな作業は中島さんや西尾さんから随時教わりながらやることにしました。

その前に畑にハウスを建てる作業をしました。ハウスは中島さんが近所の方に話をつけて、不要の物を頂けました。とはいえ解体も組み立てもしたこともありません。3月に一人でやっていると、近所の方達が見かねて手伝いに来てくれ、何とか育苗前に建てることができました。

一年目の育苗は、すべて初めての作業でした。土や苗箱など資材の注文から、プール作り、温湯浸法や塩水選、播種の方法からその後の管理。教科書は、有機稲作研究所の本と中島さんでした。

穴があくほど本を読み、線を引きました。それについて中島さんに確認に行き、内容についての詳細を聞きました。中島さんは的確に答えてくれ、塩水選などは一緒にさせてもらいました。一年目は本当に気が張っていました。三反もの田んぼを借りてまともに作れなかったら、地元の方達が今後田んぼを貸してくれるのを躊躇するんじゃないか、一年目からきちんと作って信頼を蓄積させなければ、というプレッシャーでした。

とはいえ、中島さんたちによって、無農薬栽培の信用は地域でもある程度あり、疎外されたりすることは全くなく、みな気にしてくれていたのがとてもありがたかったです。

田んぼへは、毎日水を見に行きました。田面には様々な生き物がいます。カエルの卵が孵ってしばらく経つと、いたる所にいるので、穂先の色々なカメムシをワザと水面に落としてカエルが食べるか試したり、他の虫の観察をしたりしました。今思えば、この一年目が一番生き物を観察した年でした。

おかげで、一年目は三反の田んぼをしっかり作って無事に収穫することができ、周囲の信頼を得ることができたと思っています。

2年に田んぼを拡張しようと思って近所の方に相談したところ、室山地区の棚田が空いているという情報を得ました。

標高500mにある室山集落は、300年ほど前に山を切り開く形で作られた集落で急峻な地形に

写真１　2015年から耕作している室山集落の棚田

沿っていたるところに棚田があります。今ではヒノキが植えられている場所もありますが、昔は何百枚もあったと聞きます。

そのうちの一部を作られていた方がその年に亡くなり作り手がいないとのことで、初年度に都会から仲間を呼んで田植えと稲刈りイベントをしていた僕たちは、その環境に惹かれてイベント用に作ることにしました。

棚田での作業は、一年目に作った、区画整理された圃場とはまったく違うものでした。水を圃場に引く段階から大きく異なり、通常だとポンプのスイッチか、水田内のコックを開けると水が出るのですが、棚田は５００メートルほど離れた谷から農業用ホースで水を引いており、谷のマス掃除、それにホースの空気抜きが必要になります。そして、棚田の中を流れる小さな沢の上部までホースで水を引いた後、各棚田の脇で沢の水をせき止めてホースで水を引いていきます。せき止める材料は田にある土や石。水

写真２　室山棚田での田植えイベントの様子

を止めるときはそのホースを外す必要があり、しかも水の引きが速いので一枚ずつしか引けません。よくサワガニがホースの入り口に詰まって水が止まることがあります。棚田は合計10枚あったので、代掻き前の入水では毎回する必要があったし、田植え後の水管理も同様でした。また大型機械が入らないので耕運機を借りて二反歩の田んぼの中を押して歩きました。とにかく、棚田を始めた年は朝の6時頃から田んぼに行き、機械を動かしました。朝ごはんの時間になってクタクタになり家に戻るという習慣でした。田んぼを借りることに対して、荒らしては行けないという思いが強く、今考えればかなり無理をしていたと思います。

年を経ると少しずつ効率化でき、小型トラクターも購入し、労力を抑えることができています。他の圃場よりは手間もかかりますが、眺めの良い棚田での作業は気持ちもよく、皆が集まる場なので気を抜かずに作り続けています。

写真３　田植えイベントでは子供達の声が集落に響く

この棚田作業では、水の引き方、畦塗り、代掻きなどの手順、管理の方法、など今ではあまりみられなくなった先人の知恵が随所に残されています。これを室山集落の方に教わるのが面白く、また、立地を生かして、旧道歩きや妻が開催する里山のようちえん活動など、活動の幅を広げることができています。

4　現在の経営

現在は、広さは水田が1・5ヘクタール、畑が25アールほどです。そのほかに椎茸の原木が3000本ほどあります。

2年目からは、就農の際にお世話になった名古屋のオーガニックファーマーズ朝市村に出品し出しました。品目は、お米、原木椎茸、エゴマ、ごま、大豆、それに山菜など。

特に生鮮野菜が多い朝市村で、私たちは山間地の

写真4　稲刈りイベントの様子

特色をどのように出して行くかを考えました。冬の気温は低く、土地も痩せている。圃場も狭く非効率的。冬でも暖かい南の平野部と異なり、欠点は数多くあります。

そこで何にも負けない佐見地区の特徴を、水の綺麗さ、昼夜の寒暖差、野生に育まれる山菜と決め、それを販売する際の特色にしようと思いました。

家の裏を流れる稲田川、それから合流する佐見川は地元の人も絶賛する水の綺麗な川です。お米を作る近所の方達も、ここのお米が一番美味しいと言うし、8月に獲る鮎についても同様です。また稲田川は時期になると蛍が多く発生し、清流を好む餌のカワニナも多い場所です。この清流で育ったお米が、寒暖差を受けて甘く育ち美味しいお米に育ちます。このお米を生産者である私から朝市村のお客さんにお届けできることはとても大きな特色になると思いました。

また、山間地なので多くの山菜があります。私も本を読んだり、山を歩いたりして探しました。わらび、ゼンマイはもちろん、こしあぶら、たらの芽、ふきのとう、セリ、わさびなど。特に美味しいのがクレソンでした。山に近い所の沢に自生しており、そのピリリとした辛さは絶品でした。

これらは全て野に自生する天然のものです。私

写真5　名古屋のオーガニック朝市

たちが手を加えずとも、この環境で健気に育ち、毎年自然にそこにあるものです。むしろ栽培しようとすると味や品質が落ちてしまうものもあります。

これらの野のものを朝市に持っていくと、名古屋のお客さんもとても喜んでくれます。味はもちろん、その環境について、季節、食べ方など話が弾みます。

私たちは、この山間地だからこそ出せる特色を生かして、常にアイデアを練りながら商品を作っていきたいと思っています。

水稲の栽培について、三軒の有機農家仲間と育苗、田植えを共同化しました。

それまでは各自でハウスを構え、プールを作って播種、育苗、田植えをしていたのを見直しました。育苗ハウスを一箇所に合わせ、作業日を決めて作業します。育苗期は毎日持ち回りで管理し、田植えは共有の機械を揃えて役割分担し効率的に終わらせます。これによりかなりの負担が減りました。各自の気づきや知恵も共有できます。迷ったら話し合うことでより合理的な作業を行えるようになりました。一人で焦ったり、悩んで悶々とすることもなくなりました。

5　林業のこと

僕が林業に出会ったのは移住前の年、まだサラリーマンの頃でした。白川町黒川で山主さんへの林業講座をするということで、山主でもないけれど翌年移住予定だった僕たちも呼ばれました。冬の寒い日、西尾さんの山に有機農家仲間が数人集まっていたことを覚えています。そこで初めてチェーンソーで木を切り、また木を倒す方法を教えてもらいました。複数回に渡る講座では、選木、木の倒し方、造材、材の出し方を一通り教えてもらいました。朝昼は火を囲んであたたまり、お昼には暖かい豚汁を頂きました。林業のりの字も知らなかった僕は、山の中で仕事する気持ち良さを始めて体験しました。講習のたびに何度も山に足を運び、木を見て木に触れ、明るく手入れされて行く山を感じ、また焚き火を囲んだ交流を通じて、山仕事への興味が湧いて行きました。移住して一年目の冬はその時の講師の方の山仕事の手伝いをして、基本的な伐倒技術とウインチの集材技術を習得し、次の冬から、佐見地区の山仕事の親方について勉強がてらアルバイトを始めました。と、同時に近所で山仕事をしている別の親方からも声をかけてもらえ、冬の仕事として本格的に林業を始めました。複数人の親方につくことで、いろいろな現場を体験でき、様々な技術を経験できました。ある親方は大きな建設系機械を使っていたし、別の親方は架線集材、別の方はウインチと軽架線など。この体験は自分の技術、知識の幅を広げてくれました。冬季間限定だったので、親方たちのご厚意に甘える形で、しかも働きながら学べたのが今生かせていると感じています。

初めて自分で受けた現場は、有機農業の先輩の家の裏のヒノキの伐採でした。チェーンソーと簡単なウインチを使い、五日間かけて一人で伐採、造材し、最後は鳶口を使って道に引きずり出しました。細い材でしたが、集材して集まってくるとなんとも言えない充実感と誇らしさを感じました。佐見地区の製材所のトラックで運んでもらいましたが、悪い道を通りなんとか積んで市場に出すことができたときは、やりきった充実感を感じました。また、自信もついたし、その後も製材所の方と交流するきっかけにもなりました。

現代では農業、林業のように様々な仕事が細分化されていますが、昔の山間地に住む人たちはそのようなことをあまり意識していなかったのではないでしょうか。例えば、稲作の時期は米作り、合間にお茶を積み、蚕を育てる。そして夏になると山の下刈りと田んぼに入れるための草刈り。稲刈りが終わって冬は山仕事、炭焼きなど。合間に鳥を採ったりしていたと思います。もちろん今の僕に全てはできないですが、農繁期は米作りや野菜を育て、農閑期は山仕事をしつつ狩猟もするサイクルが自分には合っているし、とても面白いと思っています。なにより、飽きっぽい自分の性格には、一年の半分ずつ違うことをするのは気分転換になって持続しやすいのです。

写真６　冬期の林業（農家仲間とヒノキを切って出す）

その後も冬の期間は複数の親方の元で働きながら勉強し、その間に森林組合や役場の林務課の方とのツテもでき、なんとか自分で仕事ができるようになりました。もちろん未熟でまだ勉強しながらですが、同じ地区に住む有機農家仲間にも手伝ってもらい、３人ほどで農閑期には森林組合などから仕事を請け負ってやっています。

今後の課題は、技術はもちろんのこと、山の知識をもっとつけることだと感じています。最初の講習で出会った講師の方によく言われます。「木を切れるだけでは意味がない」と。樹木、生物植物の名前

だけでなく、育ち方や生態についての知識。森林の管理技術、流通や製材。ひいては建築業界についてなど、幅広い知識と知見を持つことが今後の林業をする上で不可欠だと感じています。それらの地域と実績を積み重ねて、佐見地区の山を管理させてもらえるようになることを目指しています。

また林業は稲作ととても相性が良いと思います。夏は稲作、冬は林業とメリハリを持って行えます。収入もその分安定するし、リスク管理にもなります。そもそも昔の山間地の人たちには、農業も林業も普通に行うものだったと思います。春から田んぼをやり、お茶、蚕、夏になったら山の下刈り、稲刈りなどを終えたら山で木を切ったり、炭を焼いたりと、季節ごとに様々な仕事を組み合わせていたと思います。私もできる限りこれに倣って半農半林、そして狩猟の3本柱で暮らしを組み立てようと思っています。

6　狩猟について

サラリーマン時代、妻が一冊の本を買ってきました。千松信也さんの「僕は猟師になった」です。家に置いてあるその本をふと手に取り読み始めて、僕はすっかり引き込まれました。

それは、野生の鹿を獲ってみたい、という思い以外にも、大学をでてから自分の生活の営みとしての狩猟を、肩肘はることなく自然体でやっているその姿でした。運送会社で働く仕事は別で持ちながら、自分のやりたい猟をやる姿、食べる分だけ採るという姿勢。その姿勢は、猟をするというよりも、自分の食べる肉を自分で調達するだけ、という言い方の方が適しており、畑で野菜を採るように山で肉を獲ってくる、というごく自然とも思える行為でした。また、山の中で野生の生き物を相手にすることで、先人たちの持っていた知恵や自然への理解を深められると思いました。

この考え方に共感を覚えた僕は、山間地に移住したら狩猟をしたい、と考えるようになりました。

移住した年、たまたま集落の人に狩猟免許を取るつもりだと話した際に、ちょうど集落が管理する箱罠の管理者になる人を探していたということで集落が費用を持って免許を取らせてもらいました。

猟期に入ってからは、購入したくくり罠数機を様々な箇所に仕掛けました。その頃は他でくくり罠をしている人とも出会っておらず、一人で山の中に入って行っては獣道を探して仕掛けたりしていました。道から20分ほども入った場所に仕掛けていたので、毎日の見回りが大変で、雪の日なども朝から見回りに行くもまったくかからずじまいでした。もしその時にかかっていても、止め刺しも解体方法もほ

写真７　初めて罠猟で獲ったニホンジカ

とんど知らず、車まで距離もあったので本当に無謀で危ないことをしていたと反省しています。その年の冬は結局一頭も獲れませんでした。春が過ぎて、有害駆除期間になりました。その頃は、あまり山奥まで見回りにも行けないので、里と山の境界の車道沿いなどにかけては毎日見回っていました。

これが功を奏し、狩猟を始めてから半年ほど経ってようやく1頭目の鹿を仕留めることができました。その頃は、自信のないくくり罠は、集落の山にこっそりかけて見回っていました。しかし、一頭獲ったことで集落内にそれが広まり猟師としての市民権を得て行きました。鹿の歩く道を見分け、仕掛け方のコツも掴んできた僕は、トントン拍子にかけることができました。獲れるたびにあえて近所の人に言うことで認知され、大っぴらにくくり罠をできるようになった僕に、捕獲の依頼が入るようになりました。噂を聞いた隣の集落の人にも、あそこにイノシシが出るから、などと情報が集まってくるようになりました。

それ以来、佐見地区内でもある程度認知され、その上鹿を獲ると感謝してもらえるようになりました。自分の食べる分だけと言うわけではありませんが、田んぼや畑の作物が獣害に会っている現状を考えると、里に出る分だけは獲って行く必要があると思います。狩猟を通じて猟友会の方達とも繋がりができ、人間関係が広がりました。無理のないペースで地道に続けていこうと思っています。

7　地域との関わり

サラリーマン時代から、田舎のおじいちゃん、おばあちゃんの持つ暮らしの知恵のようなものに漠然とした憧れがありました。子供の頃、山に囲まれた祖母の家で遊んだ記憶があるからか、そのようなものをずっと温めてきた思いがありました。それは、天気のこと、山のこと、土のこと、川のこと、様々な自然科学についての経験から得た知見なのでしょう。自分の知らないそれらをより知りたいと強く思っていたのも、移住を決めた理由にありました。なので、こちらに越してきた時には、なるべく近所の方達と交流して、輪に入れてもらい、暮らしを通じて様々な知恵を伝授してもらいたいという願いもありました。

そういう思いもあり、引っ越してきた時の心構えとして、「この地域に必要としてもらえる存在になる」と決めました。都会から引っ越してきて家族で暮らすにも、様々な農法を試すにも、また知恵を伝授してもらうにも、まずは受け入れてもらう必要があります。そのため、どうやったら必要な存在になれるか、を考え、様々な所に飛び込んで行きました。

例えば、営農組合のオペレータの仕事もし、集落の道掃除の際には休まず参加します。お祭りの準備なども進んで協力しました。消防団にも入りましたし、冠婚葬祭なども協力します。今では集落の氏子総代を任されています。

７年経った今でも、自分は移住者でよそ者であることを感じることは多くあります。ですが、それはあまり気にせず、その地域に必要とされる人になることを目指しつつ、自分たちのやりたいことを形にして行けるようにこの先も暮らしていければと願っています。

【椎名 啓（しいな　けい）プロフィール**】**

田と山　代表

１９８０年　茨城県東海村に生まれる
２００４年　千葉大学工学部卒業
２００６年　千葉大学大学院自然科学研究科修士課程修了　建材メーカー入社
２００９年　転職で愛知県へ引越し
２０１２年　夜間の有機農業講座を名古屋で受講、白川町にて林業講習受講
２０１３年　退社と同時に白川町で新規就農

・趣味は山登り、マウンテンバイク（移住してめっきり減ったが……）、映画、ピアノ他
・大学では建築について学ぶも、ほとんどはマウンテンバイクに乗っていた思い出のみ
・都内の建材メーカー、愛知の衛生機器メーカーで開発職を6年経験。
・憧れの山間地の田舎暮らしを実現するため、２０１３年に退社し白川町へ移住。米つくり、野菜作りを開始。
・２０１３年から冬季のみ林業に従事。
・妻、娘と犬、猫、11羽のニワトリと共に暮らす。

第6章　培養土による分業で、有機農業の普及を図る――2015年就農

――五段農園　高谷裕一郎

1　「土」好きから「農」にかかわる仕事を志す

(1) 穴掘りから農学部へ

秋田県、それも青森に近い県北の鹿角市という地方出身の私が、なぜ岐阜県で有機農業をやっているのか?ちょっと不思議な巡り合わせかもしれない。

有機農家となった今、地元白川町の子どもたちが田んぼに入ったことがないと聞いて「何てもったいない!」と常々言うが、よく考えてみると自分も子供時代に田んぼに入ったことなど無いのだった。

実家は農家ではないが、近くに田んぼはあるにはあった。だが、近くにあっても興味がないと心に入らないもので、季節毎に移ろう田んぼの姿が全く記憶にない。

親族で商売をやっている家系で、家庭菜園すら縁がなかった私だが、大学受験を機に「農」を志した。大学受験時の進路選択として、得意な教科・好きな教科が軸になることが多いと思うが、自分にとってそれは「生物」だった。その原点は、さらにさかのぼる小学生時代、庭にひたすら穴を掘ってはアリの

巣の断面を探したり、穴に水を貯めてどれだけの時間で水がなくなるか、そういった事に時間を忘れて熱中していた「穴掘り」体験にある。とにかく土に触れ、そこに住む生き物を見つけるという事に喜びを感じていた。その体験が、単純に「土」に近いことを勉強したいという思いにつながって、農学部を選択したのは自然な事だったと思う。

推薦入試の模擬面接で「農に関わる仕事で農業を支えたいが、自分で農業はしたくない」と言ったのをよく覚えているが、今考えると失礼な言い草である。その当時、農業は３Ｋ＝キツい・汚い・給料低いと言われており、自分のイメージも全くその通りだったから「農に関わる仕事」という程よい距離感を言ったつもりだった。そんな私が今や３Ｋを地でいく有機農家をやっているのだから人生わからないものだ。

(2) 大学で土壌微生物を研究する

農学部人気は25年程前、私が大学に入る少し前から徐々に上がってきていたように思う。進学した山形大学農学部では半数が女性だった。

研究室は、我妻忠夫先生と俵谷圭太郎先生の植物栄養・土壌学研究室を選んだ。そこでは「ＡＭ菌根菌」という、植物の根に共生し植物にリンを供給する代わりに糖をもらうという微生物を研究していた。

研究対象は、泥炭土壌（ピートソイル）という非常に酸性の強い土壌に住む菌。通常、酸性土壌ではリンが土に強く吸着されており植物にとって利用しづらい形になっている。しかしこれが、「ＡＭ菌根菌」と共生していると、その働きで植物が利用できる形になるという特長がある。

この研究のために、古代のマングローブが植物化石となって堆積し泥炭土壌となったインドネシア・カリマンタン島に行った。土好きが高じて、海外にまで行ったのは凄くラッキーな経験だったと思う。菌の種類の同定、リン吸収能力の調査研究はとても面白く、そのまま山形大学大学院に進み修士まで取得した。

（3）種苗会社に就職〜農業の現場に触れる

大学院卒業後は農に関わる仕事を志望し、野菜の種を育種販売している横浜の老舗種苗会社・横浜植木株式会社に入社。生産管理部門で、商品化された種の生産と品質管理を担当していた。野菜のタネの殆どは海外で生産される。これは、開花期が梅雨となる日本国内では種子品質が低くなるので、開花期に乾燥する海外の方が理想的な条件であるためだ。私は、ヨーロッパ・オセアニア・北米の担当となり、生産状況確認のため海外とのやりとり、圃場巡回で現地に行く事が多くあった。

国内では、生産された種子の品質確認のため、実際に栽培して検定をすることもあった。特に、人参やレタスの検査では、千葉や長野など大産地の農家さんにご協力頂き、圃場の一部を間借りして栽培もしていた。この時に「プロ」の農家の方達と出会い、農業の現場を見ることができたのはとても貴重な体験だった。

2　移住は突然に？

(1) 岐阜県に住みたい！

移住したのは2015年だが、きっかけは2011年の3・11東日本大震災と原発事故だった。その時、私は横浜の会社内で会議中、被害はなかったもののテレビで見た惨状に現実のこととは思えない程の衝撃を受けた。首都圏の交通機関も全てストップ、東京の会社に勤めていた妻は3時間歩いて横浜の保育園に娘を迎えに行き先に帰宅していた。私は車通勤だったが、渋滞で動けなくなりながら普段の何倍もの時間をかけて家に帰り着いた。帰宅後、家族三人でただ抱き合ったことを覚えている。

さらに、原発事故による放射能漏れでそれまで当たり前のように続くと思っていた生活が、とても不安定に感じられた。当時、東日本を脱出して西に移住する人もいるにはいたが、仕事や家のローンのことなどを考えると思考停止してしまい、身動きが取れないというのが現実だった。

そんな風にして三年が過ぎた2104年の早春。岐阜県美濃市の瓢ヶ岳（ふくべがたけ）という岩場に登り（ロッククライミング）に出かけた帰りの車中で突然「岐阜県に住みたい！」と閃いたのである。引きがねとなったのは、美濃市内で宿泊したゲストハウスの水が特別旨く（普通の水道水）、その水で入れたお茶の旨さに感動したこと。こんな水の旨い所に住みたいなーと思った。考えてみれば、岐阜県には岩がたくさんあり、大きく・美しい木曽川が流れ、水も空気も旨い！自然に溢れた岐阜県に住みたい、それもびっくりするくらいの田舎に！という閃きだった。

実は、私たち夫婦は趣味のロッククライミングを通して出会い、子どもが生まれてからも家族で各地の岩場へ、関東甲信だけでなく遠くは愛知や岐阜まで頻繁に出掛けていた。そんな自分達にとって、岩資源豊富な岐阜県はうってつけという気もした。帰宅すると早速、岐阜県ファンクラブに登録した（それは結局移住にはつながらなかったのだが）。

自分としてはそれほど大それた事をした認識はないのだが、「横浜から移住してきた」というと大抵の人は驚き、「よく決心したね！」と言われる。

私の場合、思いついたら止められない性分でもあり、気が付いたら移住していたというのが本音である。もう少し色々リサーチして他も見て回るべきだったか？と後で思ったこともあるが、どれだけ見ても移住に踏み切れない人もいれば、我が家のように勢いで移住する場合もアリかな？と思っている。

移住セミナーに呼ばれて喋る時に「思いついたら移住！」などと話すと、運営側から無責任なこと言わないで！と突っ込まれることもあるのだが、結局は、ご縁とタイミングかなと思う。

(2) なぜ有機農家に？

閃いてから本当に移住を決断するまで2カ月とこれまた早かったのだが、妻に相談すると、都会での生活を続けることに不安のあった彼女は、娘のために移住を快く賛成してくれた。こうして、移住の方針が固まり、さて、生業として何をするかを考えた時、迷いなく決めたのが有機農家になることだった。

放射能の不安から気付いた食の不安。この先、大きな災害が起こった時に外に食を頼っていて生き残ることはできるのか？農薬の安全性は？という思いがあった。さらに、多少は農にかかわる仕事をしていたので慣行（化学肥料・農薬を使用する現代的な農業）農業への新規参入のハードルの高さは知っていた。大面積・モノカルチャー・市場価格に振り回されるなど、とても新規就農者が飛び込めるフィールドではないと思っていた。

一方、有機農業は多品目・小面積栽培、農薬を使わないし敷居が低そうだ。当時まだ小学校低学年だった娘にも、そんな安心な野菜を食べさせたいという思いもあって、最初から有機農業一択だった。

有機農業は儲からないイメージはあったが、田舎で自給自足しながら生活できればいいぐらいの気持ちだった。移住も就農も、思いつき先行でなんだか甘い考えだったが、何とかなるだろうという漠然とした想いの根底には、「農に関わる仕事」をしたいという昔からの想いがずっとあったのだなぁと今あらためて思う。

(3) 就農の経緯〜オーガニックファーマーズ朝市村・吉野さんとの出会い

岐阜県への移住を決意してからの行動は早く、会社に退社の意思を伝えると同時に岐阜県を中心に就農地探しを始めた。希望としては、とにかく「ど田舎」。有機栽培に向いた水と空気がきれいな土地、加えて、青年就農給付金（当時）を受給しながら研修できる農家さんが近くにいる所という条件。有機農業参入促進協議会のホームページでは給付金対象になる研修先が載っているので、そこを通していろいろな農家さんを見てはみたが、土地勘がない岐阜県で就農地のイメージが湧くはずもなく、何から手をつけるか悩んでしまった。

そんな時、相談していた農家さんから、名古屋のオアシス21でオーガニックファーマーズ朝市村を主催しながら新規就農希望者の相談にも乗っている吉野隆子さんを紹介して頂いた。吉野さんと電話で何度かお話しした後、実際に朝市でお会いすることになり、五月の連休に単身名古屋へと向かった。すごく短い時間で脱サラ・就農を決めた私は、吉野さんにしてみると、ちゃんと続けられるかどうか不安な人だったに違いない。吉野さんは、その朝に出店していた農家さん数軒に当日（！）の訪問約束を取り付けてくれ、朝市終了後にそのまま3軒の農家さんを訪問した。

この時、田舎で就農することしか考えていなかった私だったが、都市型の有機農家さんにもお会いできたのは良い経験だった。自分の作った野菜を自ら消費者に配達するというのは確かに魅力的に思えた。しかし、最後に訪れた白川町黒川で迷いは吹っとんだ。「ど田舎」を最後に持ってきたのは吉野さんの作戦だったのか？最後に白川町に行くスケジュールは私に、短時間で農業に対するスタンスをすごく深めてくれた。何年か後に吉野さんにこの日の事について訊いたところ「高谷さんは白川町にすると思ってた！」と、まんまと作戦通りになっていたようだ。

初めて訪問したその日、白川町ではちょうどお米の種まきをしており、作業に参加しながら農家の方達とお話しすることができた。白川町には「NPO法人ゆうきハートネット」があり、自分のような新規就農した若手農家も多数いて、就農をイメージしやすかった。また、何より気に入ったのはその〝田舎っぷり〟。最寄り駅はなく、一番近いコンビニまで40分、見渡す限り山と田園が広がり人家も少ないので夜は星がとてもキレイだった。

住む家についても早くに決まった。幸運なことに、就農地を白川町と決めてから二度目の訪問時に、地元の方から空き家を紹介されたのだ。これまた、ロッククライミングでお隣の恵那市笠置山に登りに来ていた夏休みの事だった。電話で話した大家さんから、試しに泊ってみていいよと言っていただき、家族三人で10年近く人が住んでいない家を大掃除して寝泊りする場所を確保した。ご近所から頂いた野菜や食品を調理して食べた。山の湧き水や、広い家に娘は大はしゃぎだったし、翌朝、窓の外に広がる朝靄けむる山々の景色に一瞬で心を奪われた。たった一泊しただけなのに、近所の人が何かと世話を焼いてくれて、忘れられない濃密な時間を過ごした。「岐阜県に住みたい！」と閃いてから、5カ月後のことだった。

(4) 一年間の研修を経て「五段農園」を開業

２０１５年の一年間、町内の有機農家さんで研修し、翌２０１６年春に就農した。研修先は野菜の有機栽培、椎茸の原木露地栽培、水稲栽培をしていた。天候、土質などが同じような地区で研修したことは、その後独立してからも、作業時期や栽培方法などでもとても参考になった。

就農したのは、白川町の奥にある黒川地区の中でも最奥、その名も奥新田。標高も一番高い地区で「五段農園」という屋号は、借地内に五段の畑（元田んぼ）がある事に由来している。

自営農業を開始する前、周りにたくさん田んぼはあれども集落営農組合に委託をしているのがほとんどなので、新規就農者に貸してもらえる土地があるのだろうか？と懸念していた。だが、幸いなことに、同じ班の方から田んぼを借りることができた。それは、移住してからも近所の方との付き合いを大事にしていたおかげだと思う。地元の方にしてみれば、私たち移住者は何を考えているのかわからない、いつまでいるのかもわからない人間なので、掃除や祭りなど自治会行事や班の集まりには家族全員で必ず参加するようにしていた。だから、農地を貸してもらうことができた時は、いろんな意味で認められた気がして本当に嬉しかった。また、トラクターや管理機（畝を立てたり、土寄せをする小型の機械）、田植え機、ビニールハウスなど農業に必要な機材などを、地元の方から中古で使わなくなったものを安く譲って頂いた事もとてもありがたかった。

（５）移住後の生活、特に子どものこと

子どもがいると、学校や子ども関係の行事や役員など負担もあるが、子どもの存在に助けられる部分は非常に大きい。近所には他に子どもはいないので（移住当時）、みんなにすぐ覚えてもらい気にかけて頂いた。また、娘の同級生のおばあちゃんが我が家の応援団になってくれていて、苗の販売などでも大変お世話になっている。娘が小学生の時には、同級生の子達を呼んで田植えや稲刈りイベントをやったのも楽しい思い出だ。

移住した時、娘は小学校三年生とまだ幼く、あっと言う間に学校にも地域にも馴染んだ。横浜生まれ横浜育ちの都会っ子には全く見えない。新規就農や都会からの移住者が

写真１　少量多品目栽培の畑

多い土地柄、娘の学年では続けて都市部からの転入生が2人あった。そのせいか、同級生の中でも娘が都会から転校して来たという事は既に忘れられているようだ。

都市部の学校から十分の一規模の学校に来たことは、娘にとっても大きくプラスだったと思う。本当に少人数なので、「誰かがやってくれるだろう」は存在しない。なんでも率先してやる自主性、物おじせずに人前で話す力、うちの子に限らず全員が当たり前のように身につけている。それは、みんな顔も名前も良く知っている安心できる子ども同士の付き合いの中で育まれていくんだなぁと、人数が少ないからこその利点を感じる。さらに、先生の目がよく行き届き一人一人丁寧に接してもらえる、気にかけてもらっていることを子どもが実感できる教育も、少人数ならではの良さだと思う。

また、学校外でもいろんな事を体験させてもらえる機会があり、いつしか娘も自分から積極的に挑戦する子になっていた。これも親として嬉しいが、なんといっても一番嬉しいのは健康と体力である。

横浜にいた頃は、毎年インフルエンザに罹り、年に何日も熱を出して保育園や学校を休んでいた子が、こちらに移住してからはインフルエンザどころか風邪一つ引いたことがない。なんでもよく食べるようになったし、本当に丈夫になったものだと嬉しく思う。娘の身体の9割は、父である自分が作った作物でできている。健康な身体を与えてやれたこと、これだけは娘に生涯誇れることだ。

米と季節の野菜を作っているので、食べるものはほぼ自給自足。肉はあまり食べないが、近所に美味しい養豚場や養鶏場があっていつでも買える。買い物に出るより作った方が早いし楽、という感覚で餃子は皮から作る。そんな暮らしに不便を感じることは全く無い。車で30分も行けば小さなスーパーマーケットがいくつかある、子どもが自転車で行ける距離に小さな商店もある。物流が発達した現代社会において、田舎にいてもネットで注文すれば翌日には届く。
困るのは、人間の移動。白川町の移住者の殆どは東海近県の出身だが、我が家は自分が東北、妻が関東で、さらにそれぞれの親戚もみな遠方なので、何かあった時に非常に大変である。この先、娘の高校進学や老親の介護などどうしようか悩ましい。それを考えると、なんでこんな遠くに来ちゃったんだろう?と思うこともある。

3　就農当初の悩み、迷い、そして師との出会い

(1) 苗半作～有機栽培志望の新規就農者の最初の悩み

就農当初の目論見としては、少量多品目で常時10種類くらいの野菜を作って、詰め合わせのお野菜ボックスを個人宅、レストランなどに直接送る販売方法を考えていた。ただ白川町は冬が寒く、販売できる野菜があるのは6月中旬～12月ごろの約半年しかないので、他に何かできることがないか?と、当初から考えていた。

さて、就農して最初に心配したのが、トマト・ナス・ピーマンなどの野菜苗を作るための「培養土」をどうするか?という事。有機農業をやるからには、苗も有機栽培したいので化成肥料の入っている培養土は使いたくない。研修先では、踏み込み温床で使った落ち葉を材料にして培養土を作っていたが、完成まで一年かかるため新規就農の自分には間に合わない。

そこで、購入した堆肥を畑の土と混ぜ合わせて種を撒いて試験してみた。堆肥の種類、比率など組み

合わせを色々変えて試験してみたが、比較で使った化成肥料入りの培養土が一番発芽揃いも良く立派な苗ができた、という結果に終わった。でも、化成肥料を使って苗を作るのは違うと思った。

農業には「苗半作」という言葉があって、良い苗ができれば栽培の半分は成功と言われている。確かに種苗会社にいた頃からこれはよく言われていて、篤農家の方達がとても立派な苗を作っていたことを思い出した。

化成肥料の入っていない培養土で、苗から有機で野菜を育てたい。そのためにはどうしたらいいのか？そんな悩みを抱えていた時、偶然にも白川町に有機農業の講演でいらしたのが堆肥・育土研究所の橋本力男先生で、この出会いが私の農業人生を変えるきっかけになった。

（2）微生物再び～橋本力男先生との出会い

そのころ私は「培養土」に加えて、農法について

写真2　お野菜ボックスは10種類程度の旬の野菜が入る

も迷っていた。有機栽培といっても農法は色々ある。全く肥料を投入しない無肥料自然栽培、畜フン堆肥を使った有機栽培、有機ＪＡＳ資材を積極的に使用する栽培などあったが、本を読んだりインターネットで情報を調べたりする度に、ますます迷っていくような状態だった。

そんな時に聞いた橋本先生の講演。そこで聞いた、完熟している良質の堆肥を使う有機栽培の農法はとても腑に落ちるものであった。

橋本先生の言う『完熟堆肥』は、いわゆる「肥料」としての堆肥効果に加えて、堆肥を「微生物のタネ」のように捉えるものだった。それは、堆肥舎で有機物（モミ殻、米ヌカ、オカラ、鶏フンなど）を適性に配合し、微生物が発酵しやすい条件を整えて堆肥化することで良質な堆肥を得る方法で、それが体系化されていてとても理解しやすく、かつ実践的だと直感した。また、私は大学で土壌微生物について研究していたので、土の中の微生物をいかに上手く使うかという考え方にも大いに魅了された。

そこで、就農したのとほぼ同時期から、橋本先生が三重県津市で開催する「コンポスト学校」に入学し、一年間通った。全20回のカリキュラムで、座学と実習を通しての堆肥造りと、堆肥を使った有機栽培をしっかりと学ぶことができた。また、有機農業歴が30年以上の橋本先生の考え方は、単なる技術的なものに留まらず有機農業を通した社会問題の解決、果ては生き方までと沢山のことを学ぶことができた。今でも交流があるが人生の師と思っている。

学校を通して先輩や同期の仲間ができたことも大きな収穫である。私は「コンポスト学校」の15期生になるのだが、同期には、ネパールの生ごみ問題を解決するために、生ごみを堆肥化して有機栽培用の生ごみ堆肥を作る国家レベルの事業に取り組んでいる人もいる。

(3) 堆肥舎を作る

コンポスト学校卒業の翌年、私は堆肥づくりをすることを決めた。ずっと根底にあった「農に関わる仕事がしたい」という想いが、「堆肥」を通して実現できるのではないかと考えたためだ。

近隣で、廃業した平飼いの鶏舎を借り、建物の改造、仕切り壁の設置、床貼り工事をして改造し、切り返し用のローダー購入など、最終的にはサラリーマン時代の年収を上回る額の投資となってしまった。予算は、自己資金とＮＰＯバンク（コミュニティーユースバンク momo）からの借り入れ、クラウドファンディングを利用して集めた。クラウドファンディングでは有機培養土をリターンにすることで出資を募り、１００万円を集めることができた。この堆肥舎の生産量は約15万リットル、およそ6～10 ha程度の面積相当の量になる。大規模な堆肥舎の生産量とは比べ物にならな

写真３　堆肥舎（左：2020 年増築）

いが、地域で得られる資源で個人が作る場合この規模になるだろうと思うので、これを「小規模堆肥舎」と呼んでいる。

良い堆肥を組み合わせることで良質の培養土を作ることもできる。堆肥を学ぶ最初のきっかけだった培養土も良いものが作れるようになり、野菜の生産も楽になったし品質も良くなった。しかもこの培養土は、堆肥の中に土を混ぜることで養分の流亡を防ぎ、通常なら一ヶ月程度で養分切れを起こすところが二ヶ月追肥なしでも大丈夫という優れもの。化成肥料の入った培養土に比べても根っこの量が多く、ガッチリとした良い苗を作ることが可能になった。現在、この培養土は「けんど君」と言う名前で販売もしている。余談だが、娘と共同で「けんど君」のイメージキャラクターを作り、販売用の袋やチラシにも印刷した。今や「けんど君」は五段農園のマスコットとして親しまれている。

写真４　畑にて、自家製培養土と

この有機培養土「けんど君」は、培養土の準備ができていない新規就農者だけではなく、これまで良質の有機培養土が手に入らなかったため止むを得ず化成肥料入りを使っていた農家さんにも使っていただいている。また、この培養土については先述の吉野さんより、オーガニックファーマーズ朝市村の出店者にも使って欲しいと言うことでお声がけいただき、有機農家さんから注文をいただいた。お世話になった吉野さんにこのような形で恩返しできたことはとても嬉しい。

堆肥舎で培養土の生産を始めると同時に、トマト・ナス・ピーマン・キュウリ・カボチャなど夏野菜の有機栽培苗の販売も始めた。「苗半作」は先にも触れたが、家庭菜園などでも良質の苗を使うことはとても大事なことである。春には道の駅などで販売しているのだが、ホームセンターなどの苗に比べやや割高でも一度使ったらとてもよく育った、たくさん収穫できた、と好評でリピートしてもらっている。

4　遊べる農家、稼げる農家

(1) 持続可能な農業を

「百姓」と言う言葉が示すように、農家は百の仕事ができて一人前と言われる。しかしながら私が白川町に移住してきたのは、有機農業をするためではなく田舎で暮らしたいという理由が先だった。だから、本音を言えばもっと遊ぶ時間が欲しい。せっかく岩だらけの田舎に来たのに、余り登りに行けていない。ずっと続けていくために、心身の健康のためにも、自分のために遊ぶ時間を確保できるくらいの規模とメリハリで、やっていきたい。

農家、それも有機農家のイメージとして、「清貧」を求められてしまうような気がするのだが、それでは誰も農業をやりたいとは思わないのではないだろうか？ちゃんと遊んで、ちゃんと稼ぐ。有機農家が持続可能でなければ、持続可能な農業は実現できないと思う。

(2) 有機農業普及のために～分業の仕組み

持続可能な農業、有機農業の普及ということをいつも考えている。有機農業が普及しないのは何故だろうか？それは、生産効率の低さにあると思う。

化学肥料・農薬を使う慣行栽培の場合、1～2種類の野菜のみで農地は大きく、いかに効率的に面積あたり高収量を得るかが大事である。有機農業の場合、往々にして少量多品目や中量中品目生産で、面積が広くなっても管理が大変になり効率はそれほど上げられない。そのため小規模な農家（以下、小農と呼ぶ）が多い。小農のやることは多彩で、たいてい畑の栽培から、収穫、出荷流通、顧客集め、販売、事務処理まで全て自分でやる（私の場合は、さらに堆肥の生産、苗の生産も加わる）。単価の設定には自由度があるが、全部自分でやるため負担は大きい。これでは、いつまでも有機農業が普及しないのではないだろうか。

例えば、肥料。有機農業では「堆肥」を主とするが、品質の良い「堆肥」を手に入れるのは実は難しい。ほぼ無料で入手できるような「堆肥」には未熟なものが多く、実はあまり知られていないのだが、その使用により逆に病虫害が増えるといった問題を抱えている。本当は、そこに一手間加えることで高品質な堆肥を作ることができるのだが、その為には、ある程度の設備（熟成できる堆肥舎、切り返し作業のためのローダーなど）が必要になる。しかし、全ての農家がそのような設備を持つことは現実的ではない。

一方、慣行農業では肥料は、完全に購入したものを利用し農家は栽培のみに集中できる。また、単価は安くなるものの、その他の部分はＪＡ、卸業者などが担ってくれる仕組みがある。数が多く歴史があるだけに分業体制が確立している。

そこで、私が考えるのは、地域の小農がお互いに仕事を分業して支え合っていく形だ。栽培が得意な人、加工が得意な人、機械のメンテナンス名人など、それぞれの得意な点でお互いに助け合っていく。私は、「堆肥」、「野菜苗」を作ることができる。良い「堆肥」を使うことで品質の良い野菜づくりができ、白川町の有機野菜の品質を上げれば、有機栽培産地としての魅力も増すと思う。

一例として、野菜苗について言えば、ある町内の有機農家は私に夏野菜の苗作りのほとんどを委託してくれている。彼はイチゴの栽培を柱としており、イチゴの収穫時期と重なる育苗を外注できるのはメリットが大きいという訳だ。分業することで有機農業はもっと普及すると思う。

(3) 有機農業のもう一つの役割～環境を守る

有機農業の役割は、単に有機栽培の野菜を作ることだけにとどまらない。実は、有機農業を通して環境を守ると言う側面もある。私は、地域から出る本来捨てられるはずだったモミ殻・オカラ・生ごみ・鶏フンなどを使って「堆肥」づくりをすることで、生物（有機物）を循環させている。また、有機栽培は生物多様性を高め、木曽川水系の上流にあたる黒川の水をきれいにしている。

（4）ご縁を信じて面白い方へ～有機農業の広がり

就農する前は野菜販売のみをイメージしていたが、現在の仕事の内訳は、野菜栽培・販売が5割、堆肥が3割、苗が1割、講師・アドバイザー業が1割といった感じになっている。将来的には、もっと野菜の割合を減らして、堆肥と苗の仕事を増やしていきたいと考えている。

このように野菜栽培以外が増えていった理由は、「堆肥」の世界に足を踏み入れたことによって講師・アドバイザー業へとご縁が広がっていった事による。

有機農業の広がりは業種・国を超えるということを、最近強く実感している。私は、「堆肥」を使った有機栽培の技術を買われ、銀行の主催する有機農業講座の講師をしたり、福祉的な効果を期待して有機農業への取り組みを考えている老人ホームでアドバイザーをさせてもらっている。また、地元白川町黒川でも地域の人にもっと有機農業を知ってもらうべく、公民館講座で有機農業講座の講師をしたこともある。

さらに現在は、堆肥作りの技術と有機栽培について指導する為に、フィリピン・ネグロス島に二ヶ月間の短期講師として派遣されている（２０１９年12月当時）。ネグロス島では、長年サトウキビ栽培が行われているが、化成肥料・農薬を多用しており収益性は低く土壌も疲弊してしまう。これを、環境に優しく収益の安定した有機農業に転換することが目的だ。

堆肥づくりを通して、本当にいろいろな機会を得ることができた。現在、他にも培養土を使った都市部でのプランター有機栽培、有機栽培イチゴの栽培用培土の開発などにも関わっている。

（5）「堆肥の学校」開設

うちのような小規模堆肥舎が各有機農業の産地にあればどうだろう？高品質な「堆肥」が使えれば、有機栽培産地の野菜の品質も評価も上がることと思う。そこで私は、今後この堆肥技術を広めることが有機農業拡大の一助になるのではないかと考え、「堆肥の学校」を２０２０年に開設した。

大規模なプラントで大量に堆肥を作るのは、材料集め、配達コストがかかり、排気ガスも多くなる。それよりも、地域の資源を安く手に入れて、肥料を地産地消するスタイルこそ有機農業のあるべき姿だと思う。「堆肥の学校」をやることによって堆肥技術者を増やす、そして各地で活躍してもらうことで、有機農業拡大の支えになると思う。また、その土地ごとに発生する有機物（堆肥材料）は違ってくると思うので、

写真５　発酵中の堆肥

そういった情報交換をする小農のネットワークのようなものを作るのも面白そうだ。２０２１年４月現在、堆肥の学校で２期生が学んでいる。

（6）現在の農業経営の概況

現在の経営は野菜の販売（５割）、培養土の販売（４割）、有機栽培苗の販売（１割）の三本柱となっている。就農当初は野菜の生産できない時期の仕事として考えていた培養土だが、これがとても好評で、有機農家の間で利用が広がっている。さらに、予想外だったのが家庭菜園用のプランター栽培への利用である。家庭菜園でも有機栽培志向が高まるなか、良質の有機培養土はスーパー店頭でよく売れている。今後、培養土、有機栽培苗の売り上げはもっと増えていくと予想している。野菜については現在の少量多品目に加えて、土地にあった作物（里芋、落花生、ニンジンなど）の面積を増やしていきたいと考えている。

【高谷 裕一郎（たかや ゆういちろう）**プロフィール】**
五段農園　代表
１９７７年　秋田県鹿角市に生まれる
１９９９年　山形大学農学部卒業
２００１年　山形大学大学院農学研究科修士課程修了
　横浜植木株式会社入社、野菜種子の採種を担当
２０１５年　白川町黒川にて有機農業を始める

２０１６年　コンポスト学校修了
２０１７年　堆肥舎を作り（８部屋）堆肥生産を開始
２０２０年　堆肥舎を増築（５部屋）、堆肥の学校を開始

講師歴：大垣共立銀行（ＯＫＢ）グリーン講座（２０１８～）、社会福祉法人陶都会アドバイザー（２０１９～）、白川公民館講座（２０１８～）、フィリピン・ネグロス島有機農業講師派遣（２０１９～２０２０）

・趣味は岩登りと穴掘りのアウトドア派（？）。
・山形大学・大学院で、土壌微生物の菌根菌について学ぶ。
・横浜で種苗会社の生産部門に13年間勤務、海外の生産現場を担当。
・昔から土（農）に関わる仕事がしたいという思いがあり、農学部に入り、種苗会社に就職。しかしながら農薬ありきの栽培、大産地での単一作物栽培などの不自然さに違和感を持っていた。２０１５年に田舎暮らしがしたいという思いもあり白川町に移住を決め、有機農業を始めた。２０１６年「五段農園」を始める、年間40品目程度の野菜を作り旬の野菜ボックスを販売。２０１９年からポッドキャスト「小農ラジオ」で有機農業に関わるあれこれを発信中。多様なスタイルの農家との対談番組が好評。ラジオがとりもつ縁も広がっている。

補論　移住就農者へのコメント

1　半農半Xの生活の中でそれぞれのX部分を展開（西尾 勝治）

若い移住就農者あるいは研修生と話していると、就農の動機に東日本大震災による価値観や生き方の転換を上げている場合が多い。端的な例として私のもとで研修し、2年前就農した岩見君は公務員として千葉県に在住していたが、震災後の2日間、金はあれども食料が手に入らず、飢えて暮らした経験から食べ物を作る仕事への転換を決めたという。

伊藤君（3章）の場合は、母親の死をきっかけに食べ物と健康への関心を高める中で、最終的には自らが食を生産する道を選んだことになる。無肥料栽培と自家採種へのこだわりはほかの有機農家より強く、それにより彼の作る作物のファンとして特定の消費者を引き付けている。

貸農園の水稲版ともいうべき「苗千本プロジェクト」は、町内を含め遠く東京からも田植えから収穫まで年数回の手入れに通う利用者がふえてきて、彼一人では対応しきれない状況になっている。興味と関心の赴くままますぐに実行に移す彼の性格から、いろいろな新しいプロジェクトを立ち上げている。いわく「テントサウナ」、「森づくりプロジェクト」・・・。白川町という中山間の自然豊かなフィールドを思いっきり利用した彼の活躍が続く。

児嶋君（4章）は野菜セットの通販にとどまることなく、周辺都市へのマルシェ出店と自らのフィールドへ消費者を呼び込み、レストランシェフを招いて自分の農業用ハウスでレストランを開催したり（結婚披露宴までやってしまう）、作業場を改装して定期的な販売市とレストランを運営して遠くから消費者をよんでいる。農体験のほか子供たちを招いて沢登りなどの自然体験授業を開催するなど、就農前からの経験に基づき彼の得意とするところである。

野菜生産では同年代の仲間に呼びかけて、共同生産による作業の効率化を図り、比較的大口のスーパーなどの需要にこたえている。今後は共同による作物品目と耕作面積が増えることで、農業に今一つ踏み切れないでいた周辺の若者たちを巻き込んで、新しい地域の農業を進めていってもらいたい。

現在小学生を筆頭とする3人の子供の父親として、学校給食に有機の産物を提供すべく行政側と交渉する中で、給食米については一部有機米とすることができた。来年度からは、さらに野菜についても加わることが認められたことで、対応できる野菜つくりの仕組みを作らねばならない。

椎名君（5章）に関して。良質のヒノキを産出する木曽につながるこの地方の農家は、山間に拓けたわずかな耕地で米などを自給しつつ、伐木・運材などに携わることにより比較的豊かな生業を維持してきた。しかし戦後の高度経済成長以降は、外国産材の流入などによる木材価格の低迷などで山からの収入に依存するかつての面影はない。そんな地域へ移住してきた若者たちの生活の組み立てを見てみたい。

一般的に移住した若い新規就農者は、土地収益性の高いトマトや野菜類を栽培して直接販売することにより、収益を確保して生業を立てる道を選ぶのが普通だ。しかしあえてこの地域にこだわってつけた彼の屋号「田と山」に体現されるように、水稲栽培と林業・猟師などの山仕事を基本とする生き方に注目したい。

伐木運材の技術はかつて林業が盛んだったころ活躍した近くの高齢者から学ぶ中、今盛んにおこなわれている大型機械の使用とも一線を画している。道具といえばチェンソーのほかはポータブルウインチと紐を使った運材手段を組み合わせて、まさにコンパクトに事業を進めていく。いわゆる自伐林業の手法で、近在の林家から求められた間伐や椎茸原木の伐採搬出を行うことにより、地域で求められる小さな山仕事を請け負っている。せいぜい5 haから10 ha程度の面積を所有する大部分の小規模林家にとって、自分の持ち山を管理維持してくれる彼の存在は頼もしい。

高齢化で昔からの猟師が減るとともに、増加してきたイノシシやシカなどの害獣。国や県からの補助金を使っての防護柵でも追いつかない状況の中、罠猟で確実にそれらを駆除してくれる猟師としての彼の存在もまた頼もしい限りだ。

棚田管理について。彼の管理する棚田は町内で最も限界集落化の進んだ地域にある。10数軒の住民すべてが65才以上の高齢者だが集落の景観管理は丁寧になされており、良く刈り込んだお茶畑や草刈の行き届いた田んぼの畦畔は、そこが高齢者ばかりの集落とは思えないほどである。その中心に位置する2反ほどの棚田へは、多くのカメラマニアが訪れて四季の景観を撮影していくという。小型トラクターさえ入らない田んぼでの米つくりは、もちろん経営的には成り立たない。

しかし地区住民の景観維持の願いにこたえ、都会の消費者を呼び込んでの田植えや稲刈り、名古屋朝市でできたコメを販売する彼の表情には、移住当初の不安げな面影は見られない。90歳に至るまで棚田を維持し続けた先の持ち主の執念が乗り移ったかのようである。

付け加えるならば彼の奥様の活動も評価しておきたい。森の幼稚園などで地域と都市からの訪問者の幼児教育にかかわりながら、かつてこの地方でも盛んであった養蚕事業を再現すべく餌となる桑の木を栽培し、蚕を飼って絹糸を作るだけでなく、さらには機織りにも挑戦しようとしている。彼らの山里びととしての生活はとどまることを知らない。

高谷君（6章）は農学部大学院出身者として農産物生産においては知識技術とも最も進んだ位置にあるが、就農後有機堆肥肥作りの権威橋本先生に師事したことにより有機堆肥作りにシフトしつつある。周辺の有機農家への堆肥供給にとどまらず、家庭菜園やベランダ菜園で優良な堆肥を求める都市の野菜生産者に提供することで需要も伸びている。今、2棟目の堆肥舎ができたところで、堆肥づくり講座を開くなど野菜作りなど、農業とは縁遠かった市民が農の生活に踏み出すための橋渡しをする役割を進めている。

以上4人とも半農半Xの生活の中で四者四様にX部分を展開しており、これからの進捗を、興味を持ってみている。

2　農業＋農的Xで生きる（吉野 隆子）

白川町に移住して新規就農した人たちは、米や野菜、原木椎茸の栽培などの農業を基本としているが、そこに林業・狩猟・原木椎茸の栽培・堆肥や育苗培土の製造などの農業につながる取り組みを加えることで、それぞれの農業経営に厚みを加えている。さらに、山や清流、景観などの恵まれた自然環境という地域資源に、自分の得意分野を掛け合わせて新たな価値を生み出し、さまざまな体験を行うことで、町外からやってくる関係人口を増やしてきた。

彼らの取り組みは「半農半X」と表現されることがあるが、半農半Xは自給的な農業で食べながら、半分の時間で自分がやりたいことで社会に関わっていく形であり、ちょっと違うと感じていた。的確な表現は今のところ見つかっていないが、ひとまず彼らの取り組みを「農業＋農的X」と言っておく。

その取り組みは、地元の若者に地域の魅力に気づいてもらう機会ともなっていることが、これからの地域にとって大きな力となっていくはずだ。また、それぞれの伴侶が、それぞれの場所を得て活躍していることも、特筆しておきたい。

和ごころ農園　伊藤 和徳さん

伊藤さんが朝市村に出店しはじめた2011年頃は、野菜セットと朝市村での販売が中心だった。そこから感性の赴くままにさまざまな取り組みを生み出し、実行に移していった。開始して数年になる1000本プロジェクトに、最初の年から参加し、東京に転勤した後も、そしてコロナ禍の中でも、ずっと通い続けている人がいることは、和ごころ農園での体験の楽しさを物語っている。

朝市村のブースに伊藤さんが並べているものは、一味違う。ひとつは妻の純子さんがデザインを手掛けたパッケージやラベル。もうひとつは独自性のある品目だ。人気のお餅は、本物の杵つき。毎回、伊藤さん本人が、愛農かまどで蒸したお米を杵でついている。だから、体力の限界がお餅の量を決めるはずだか、最高記録は1日26升！と聞いた。三年番茶は放置された茶畑を生かそうと生まれた。白川茶はブランドとなっているが、耕作放棄される茶畑は多い。黒米玄米麺は、忙しいときのありがたい味方だ。

伊藤さんは、朝市村で買い物をした人に毎回通信を手渡す。田んぼや畑のことだけでなく、子どもの成長を中心とした家族の最新情報なども記されている通信をきっかけに会話は増える。通信を手渡すようになって、朝市村での売り上げも伸びている。農家が発信するツールとしてのアナログな通信の大切さに、改めて気付かせてもらった。

暮らすファームSumpo　児嶋 健さん

児嶋さんは「都市部との関係性を築くための、共感性があり共有できる商品やサービスを提供していく必要がある」としているが、それが自身の取り組みにそのまま体現されているなぁと感心する。農園レストラン「ヒュッゲテーブル」はいつも告知直後に満席になってしまうそうで、「行きたい」と言って断られた経験がある。それも人気の証。シャワークライミングの子どもたちは楽しそう。笑顔がすべてを物語っている。

最近は町の学校給食有機化に力を注いでいる。給食の有機化が順調に進んでいる地域は、多くが行政の長の方針によるトップダウンで進んできた。農家側から提案して給食有機化が実現したボトムアップの例は、全国的にも非常に少ない。

その進め方についても、ただひたすら有機化すればいいというのではなく、広い視野を持ち、町内全体のことを考えて動こうとしている。地域の人たちの共感を得て、展開していくことを期待している。

そして、もうひとつの「共感性がある商品」として、妻の陽子さんがつくるリースがある。陽子さんが種から育てた草花や山で採取した葉や枝を、ていねいに乾燥してつくった美しいリースだ。里山を愛おしみつつ暮らしていることが伝わってきて、受け取った人を幸せな気持ちにしてくれる。私も幸せな気持ちにしてもらっているひとりだ。

田と山　椎名 啓さん

中山間地で昔から営まれてきた暮らしは、その地域に元々あった自然や地域資源に寄り添うものだったはずだ。椎名さんの取り組みは、出会った必然をひとつひとつ自分のものにしていく中で形になった。西尾さんによれば、それは地域の人が忘れかけていたかつての佐見や黒川周辺の暮らし、そのものだった。西尾さんは椎名さんの取り組みを、うれしい思いで見守っているに違いない。

いま椎名さんが棚田を守っている室山地区は、一番若い人でも60代半ば、70～80代という高齢者で構成されている地区ではあるが、棚田も、美しい景観も、住人の努力で守られてきた。この本を編まれた荒井先生は岐阜大学にいらした当時、室山地区の棚田を守りたいという思いで様々な試みをされていた。椎名さんがこの地域に入ったことで、その思いが引き継がれたことはうれしい。

妻の紘子さんは、里山のようちえんを開いている。娘の凛ちゃんを妊娠していた時期に森のようちえんを知り、自分の子どもがそういう場所で過ごせたらと思うようになった。森のようちえんについて学ぶうち、子どもが育つ環境として、かつての暮らしが営まれている棚田のような場はもってこいだという ことに気づいた。仕事をするおとなの周りで子ども同士工夫してのびのび遊び、気が向けばおとなの真似をする。人の手で行う作業では子どもも立派な手間になるのでおとなは助かるし、子どもは役立つと認められることで成長していく。おとなは助かるし白川町が町内の30～40代を対象に行った人材育成事業「白川魅力発見塾」に参加し、暮らしそのものが学びの場になるような里山のようちえんという形に結実でき、「やりたいことを形にできた」と感じたという。

里山のようちえんでつながった人たちの多くは、室山の美しい棚田を守る「田守りさん」としても活躍してくれている。

五段農園　高谷 裕一郎さん

高谷さんは神奈川県からやってきた最初の就農希望者だ。2回目に白川町に出かける直前、藤井敏幸さんは私に「近くにいい空き家があるけど、だれか入る人いないかな？」と告げた。高谷さんに伝えたところ、見に行って、住むことを即決。就農しようと思っていても家が見つからないことが多いのだが、タイミングが良いときはこんなふうにとんとん拍子で決まるんだなと感心した。

市販の育苗培土は化学肥料を使っていることが多いが、化学肥料は表示義務がない。化学肥料が含まれていても、有機農家が気づかずに使ってしまうこともあり得る。育苗培土をどうするかは長年の懸案だったから、「けんど君」ができたことはありがたかった。朝市村の農家にも、「培養土を買うならこれを」と勧めている。毎年2月にはたくさん預かり、出店した折に持ち帰ってもらえるようにしている。家庭菜園をしたいという人たちにも販売しているが、マンション暮らしで土をどう入手するか悩んでいる人たちにも喜ばれている。

なかなか取りかかれずにいた岩登りについても、天然の巨岩が集まる飛騨川の川岸でボルダリングを楽しんでもらいたいと、２０２０年に地元の仲間とともに白川ボルダリング開拓チームを立ち上げた。11月にボルダリングエリアを公開。難易度を確認しつつ岩場を登るためのガイドマップ（トポ）アプリをつくって提供し、多くの人が訪れてボルダリングを楽しんでいる。ＮＨＫのニュースにも登場し、話題になった。自分だけが楽しむのではなく、地元の人たちと一緒に、町外からたくさんの人に来て楽しんでもらえる形をつくった。

妻の聡美さんは移住前、一部上場企業で知財管理を担当していたが、高谷さんが白川町に移住したいと相談したときは、「いいんじゃない」と背中を押してくれたという。移住後しばらくは、白川町役場で街づくり関係の人材育成の仕事をしていた。このとき担当していたのが、椎名紘子さんが参加した「白川魅力発見塾」だ。この企画を通して、移住してきた有機農家は、それぞれ新たな試みに着手し、地元の仲間もできた。

第Ⅲ部　要約と解説

第7章　移住者と地元とが結の精神で築く新たな有機農業の里

――福島大学　荒井　聡

1　本章の課題

これまで各章で紹介されてきた白川町での有機農業の歩みと地域づくりについて要約し、その特徴と価値を整理することが本章の課題である。ここではまず白川町の農業生産条件をあらためて確認し、次いで有機農業の展開過程を時期区分して特徴を整理する。そして有機農業生産者の経営の特徴、町での移住者の受け入れ体制、新規移住青年有機農業生産者の地域への溶け込み方、関り方の特徴について整理する。新規移住青年就農者と地元民とが、同町において培われてきた結の精神に支えられて、環境を維持し、伝統を継承して持続性を尊んだ有機農業の里づくりが行われていることを確認していく。

加茂郡白川町は5つの旧村（明治合併村）からなる。1956年に旧白川町（西白河村、坂ノ東村）が佐見村、黒川村、蘇原村を合併して現白川町となる。町の人口は1955年1万7903人（3470世帯）をピークに2021年1月には7816人までに減少し、過疎地域にも指定されている。農林業が町の主要産業である。3002世帯のうち農家が1152戸（38・4％）である（2015年）。町の農業産出額は8億3千万円（耕種6・2億、畜産1・8億）である（2018年推計）。米2・6

億円、野菜1・8億円、茶1・2億円が主要作物である。山間地の地形を活かし夏秋トマト生産が推進され、また茶は「白川茶」として産地銘柄を確立している。朝夕と日中の寒暖差が大きく、茶の栽培に適している。

町の西端を木曽川水系の飛騨川が流れ、それに4つの川が扇状に東側に伸び、それらの流域に集落、耕地が点在している。耕地面積は714haと町の総土地面積の3%にすぎない（2019年）。地目別には、田450ha、畑264haである。1経営当たりの経営耕地面積は、農業経営体79a、総農家34aと零細である。農家のうち678戸（59%）が自給的農家である。

白川町での有機農業の取り組みは、地域作りと一体化して進んできた。それは名古屋市の消費者グループとの交流をきっかけとして1989年に減農薬栽培から佐見地区で始まる。その取り組みは徐々に拡大し、黒川地区を中心とした有機農業者による「ゆうきハートネット」の設立（1998年）、白川町での地域有機農業推進事業の採択（2009年）、「ゆうきハートネット」のNPO法人化（2011年）などとして展開してきた。そして「オアシス21朝市村」等との連携で、研修受け入れ、移住就農支援などを展開することにより、有機農業での新規移住就農者を18世帯受け入れてきた。町の有機農業は歩み始めて30年となる。ここではそれをほぼ10年単位で3つに時期区分し、特徴を整理してみる。

第一期は、減農薬栽培での名古屋消費者グループとの交流開始から大豆畑トラスト立ち上げまで（始動期：1989〜1997年）、第二期は、ゆうきハートネットの立ち上げから地域有機農業推進事業への取り組みまで（展開期：1998〜2010年）で、それは初期活動期（1998〜2005年）と、地域有機農業推進事業取り組み期（2006〜2010年）に細区分できる。第三期は、ゆうきハートネットの法人化と青年新規就農者の受け入れの本格化（拡充期：２０１１年以降）で、それは「あすなろ農業塾」を活用した就農希望の受け入れ開始（２０１１～２０１６年）と、旬楽膳との取引による中量中品目取引の始まり（２０１７年以降）に細区分できる。次に、各時期の特徴を要約的に整理する（**年表参照**）。

2　白川町における有機農業の展開過程

(1) 減農薬栽培の開始から大豆畑トラスト立ち上げまで（第一期　始動期：1989～1997年）

佐見地区成山集落中島克己氏を中心とする郷倉米生産組合（１９８９年設立）による無農薬米生産が、白川町での有機農業の歩みの嚆矢となる。それは名古屋市内の消費者グループとの産直つながりのなかで始まった。名古屋市「くらしを耕す会」（１９８９年発足：会員50名）は有機野菜・穀類を扱う組織として発足した。白川町の有機農家グループとのつながりは、無農薬栽培の米・野菜、加工品の取引から始まった。生産者の「豊かな生き物の生息する田圃の回復」という想いと、消費者の「減農薬による安全な農産品の購入」の願いが折り合うなかで関係が深まっていく。

発足当初は、同地区の約８割（７ha）で、無農薬合鴨栽培を含めた減農薬水稲栽培を行った。消費者グループとの交流の一環としてホタル見学会などで田圃の生き物調査により、慣行栽培との比較観察を行ってきた。このなかで無農薬栽培田の生物多様性の豊かさを確認していった。こうした交流を継続的に行うなかで消費者との信頼関係は深まってきた。有機米の販売価格は、慣行米の2倍にも達している。それだけ有機米生産には手間がかかる。それでも生産が需要に追い付かない状況が続く。体験交流などを通して「顔のみえる関係」が形作られるなかで、生産者と消費者との信頼関係が築かれ、その中で有機農産品の値決めがされてくる。

また消費者グループである「くらしを耕す会」「中部よつ葉会」「土こやしの会」の呼びかけで、「流域自給をつくる大豆畑トラスト」が1997年に組織される。

(2) ゆうきハートネットの立ち上げから地域有機農業推進事業業への取り組みまで
(第二期　展開期：1998～2010年)

①ゆうきハートネットの活動初期　1998～2005年

こうした関係性の構築をふまえ、1998年に「ゆうきハートネット」が黒川地区の40～50代の農業者10名で結成される。持続性に優れる有機農業の将来性に期待し、それを推進することで町農業の活性化を図ろうとした。ゆうきハートネットの発足当初は、会員間の交流と外部講師を招いた勉強会が活動の中心であった。その結成2年後に、長年事務局を務めることになる西尾勝治氏が西尾フォレストファームを設立（2000年）し、有機農業に取り組み始める。その2年後の2002年には名古屋の栄に「オアシス21」がオープンし、2004年から「オーガニックファーマーズ朝市村」が開設され、白川町からも同朝市への有機農産物出店を開始する。西尾氏による2005年8月12日の出店が同町からの初出店である。また同年頃から民間稲作研究所への研修会参加などで有機水稲栽培の勉強会が本格化してくる。種籾塩水選、温湯浸漬、苗箱播種などの基本技術をマスターし、田圃に生息する生物に気を使いながら栽培を行うようになってくる。

また、「ゆうきハートネット」会員が中心となり「大豆トラスト」、「はさ掛けトラスト」のトラスト運動にも取り組むことになる。「大豆トラスト」では2003年より大豆販売が開始される。消費者は畑5坪に1口3000円を播種前に投資することで、収穫後に大豆を受け取ることができる。木曽川下流域の消費者が、上流域の有機農家の生産物を買い支えるCSA組織といえる。最盛時には会員300名・1000口にも達した。この過程で白川町黒川地区での伝統的大豆品種が発掘され、「福鉄砲」の名称で人気を集めている。「まめばたけ」通信発行を通した生産者と消費者とのやりとりが生産の励みとなっている。現在、10名の農家が生産に関わる。

2006年頃には会員の有機稲作技術は向上し、生産は安定し販路確保が課題となってきた。他方で建築用（ストローベイルハウス）の無農薬栽培稲わらの需要が生じてきた。それをマッチングすることで「はさ掛けトラスト」が発足した。消費者ははさ掛け米20kgを一口1万4千円で出資、事前予約する。日常の管理作業は生産者が行い、稲刈り・はさ掛けなど年に数回の農業体験を行う。そして収穫後に黒川地区にて有機米を受け取る。現在は8名の会員がおり、名古屋市から白川町に移住した建築家の塩月夫婦が事務局を務める。

②有機農業推進法と地域有機農業推進事業の取り組み　2006～2010年

2006年に成立した有機農業推進法（有機農業の推進に関する法律）が、同町の有機農業推進の追い風となる。すなわち「異端視されていた活動を堂々と主張し、実行できる」（1章・西尾）ことで、有機農業生産者のモチベーションが大きく高まる。翌2007年には、白川町で第1号となる有機農業による新規の就農者を迎え入れた。

そして2009年に、ゆうきハートネット、白川町、JAで「白川町有機の里づくり協議会」を立ち上げ、地域有機農業推進事業業（モデルタウン事業）に応募し、採択され、ソフト・ハード事業に取り組むことになる。ハード事業（地域有機農業施設整備事業：1660万円）により、佐見地区に有機農業の研修施設「くわ山結びの家」を建設（2010年完成）した。ここでの20名の利用者のうち、10数名が町内外で新規就農している。またソフト事業では、2009年度から4年間、年300万円の助成をうけ、4つの事業（技術研修、消費者との体験交流、販売促進、就農支援）に取り組んだ。

朝市への要望の高まりにより同年からオアシス21の「朝市村」は毎週開催となった。朝市に出品される野菜の品質と保存性がともに優れており、それが消費者から好まれる最大の理由である（2章・吉野）。また同時に「有機就農相談コーナー」も開設された。この頃の朝市は「農家と消費者が出会って学びあう場」（2章・吉野）へと成長を遂げていた。ここでの縁で白川町への移住就農も進んでくる。さらに同年より「朝市村」による夜間有機就農連続講座が開始される。

このように2009年度から4年間にわたり実施された地域有機農業推進事業（モデルタウン事業）を契機として、白川町の有機農業生産体制は大きく展開し、確立してくる。これに「朝市村」で開始した有機農業就農相談、有機就農講座が呼応した。また、県あすなろ農業塾の開設（2011年）など行政による新規就農者への支援策の強化が、新規就農志向者の背中を押し、以後の白川町への移住就農を促進することになる。町での有機農業の機運の高まりのなか２０１０年に伊藤和徳氏（３章）が移住就農した。

（３）ゆうきハートネットのＮＰＯ法人化と青年移住就農者の受け入れ（第三期　発展期：２０１１年以降）

①青年移住就農者の受け入れ体制整備（２０１１〜２０１６年）

２０１１年にゆうきハートネットはＮＰＯ法人登録し、「くわ山結びの家」の活用等により、技術研修、新規就農支援、移住受け入れ支援体制を強化していく。同年には岐阜県「あすなろ農業塾」が白川町でも開設され、就農希望者の研修受入を開始した。２０１２年には、青年就農給付金制度が運用開始され、児嶋健氏家族（４章）が白川町黒川地区に移住就農した。また同年に、「朝市村」が研修受入機関として登録された。翌２０１３年に、椎名啓氏・紘子氏の家族（５章）が白川町佐見地区に移住就農した。この年までに白川町では７名の新規での有機農業移住就農者を迎え入れている。

ところが、その翌年２０１４年５月に「日本創成会議」人口減少問題検討分科会が発表した「消滅市町村リスト」（増田レポート）では、白川町は岐阜県下で消滅順位のトップに挙げられ、町内に衝撃を与えた。このことについて西尾氏は「住んでいる者にとっては納得できないばかりか、本当に実情をとらえているのか疑問が残ります」（１章）と述べている。それは白川町で始まっている若者の田園回帰・農山村回帰の新動向を踏まえたものになっていないことへの疑問である。

また同年には「オアシス21オーガニックファーマーズ朝市村」が日本農業賞食の架け橋の部大賞など

を受賞した。吉野氏自らが積極的に応募に関わった。この時点の「朝市村」の登録農家数は69戸となり、愛知、岐阜、長野、静岡、三重の5県で登録がある。1回当たりの平均来客数は約1200人となった。単なる有機農産物の販売の場に留まらず、消費者が農家の田畑を訪れる交流の場作り、新規就農相談の場作り、実需者とのマッチングの場作りとしても機能していること等が評価された。また朝市村会員のもとで研修後の独立就農者は27人に達していた。この頃まで朝市での事務作業は吉野氏の無償ボランティアで支えられていた。

また、県「あすなろ農業塾」に白川町の農業者4名が有機農業担当塾長として登録された。翌2015年に、高谷裕一郎氏家族（6章）が白川町黒川地区に移住就農した。また同年より環境保全型農業直接支払交付金制度が開始され、ゆうきハートネットが申請団体となり交付金を受けることになる。2015年度は8名3・8haからスタートし、順次実施人数・面積が拡大し、2018年度は18名・11・1haの取り組みとなった。一人当たり0・6haの農地が直接支払の対象となり、平均4・8万円の交付金を受給している。

2012年度で終了した地域有機農業推進業（モデルタウン事業）の後を受けて、町単独でゆうきハートネットへの助成（60～100万円／年）を行うことになる。町をあげて環境負荷を低減した農業振興に務めてきている。若い新規就農者の加入をえて、NPO法人ゆうきハートネットが行なう4つの事業（1・生産技術、経営面での技術向上、2・消費者との交流などで農業への理解を深める、3・新規就農者の参入促進と町内定住を支援、4・有機農産物の販売促進）が、いっそう本格化してくる。

有機農産物の販売促進では、2016年に白川町のオーガニックカタログギフト「里山からのおくりもの帖」を開設し12戸で販売を開始した。作り手と産品が描かれたカタログから商品を選び、ハガキで申し込む仕組みである。現在の商品としては、1・無農薬いちご、2・旬がぎっしり野菜ボックス、3・山育ちの原木しいたけセット、4・有機煎茶・白川紅茶セット、5・バラエティ豊富あんしん豚セット、6・ミネラル水を楽しむ麦飯石セット、7・原木育ちの乾燥しいたけセット、8・心も身体も爽快！1Day里山体験、9・てまひまかけた天日干し無農薬米、10・野山のリース、が登録されている。

②旬楽膳との提携による中品目中量生産の始まり（2017年以降）

2017年には、有機農産物取扱スーパー「旬楽膳」との提携を開始し、ゆうきハートネットを窓口としてトマト、里芋などの野菜、しめ縄などの加工品の販売を行っている。若手農家により共同で生産出荷される里芋は、生産が効率化され、生産量も急増してきた。これまでの多品目少量生産体制のスタイルを転換してきている。同年より、旬楽膳が公益財団法人「足ル知ル生活」と行う年10回程度の農作業体験イベントを白川町で行うこととなり、ゆうきハートネットとしてこれに協力することになった。「消費者との交流」は、体験を重視し、新規就農を志向している若者への場の提供となることも期待して、ゆうきハートネットとして、あるいは会員個人、会員が属する団体として多様に実施してきている。ゆうきハートネットとしては、同財団での交流のほか、JA食農教育、保育園芋ほり体験などの指導にあたっている。また会員が属する団体として郷蔵米生産組合、大豆トラスト、はさ掛けトラストでの体験交流がある。さらに会員個人でも体験交流を行ってきている。

3　ゆうきハートネット会員の経営の状況

(1) 会員・役員の構成

ゆうきハートネットは、白川町内外の若手の有機農家の加入をえて会員数が増加している。年会費は5千円である。若手農家の中心は移住就農者である。会員数は44名で、年代構成は20代1名、30代17名、40代4名、50代3名、60代以上19名である（表1）。うち白川町内は35名で、年代構成は30代10名、40代4名、50代3名、60代以上18名である。ともに30代と60代以上に二つのピークがある。町外はほとんどが20～30代である。町内の若手農家らとの交流を求めて町外からの若手会員が集まってきている。

有機農業に取り組む農地面積は23haまで伸びている。うち有機稲作栽培面積は約13haで、町の水稲栽培面積244haの5%にも達している。全国の有機農業耕作面積比率（1%）と比べて高くなっている。

白川町内会員の内訳は、地元組15名、Uターン者3名、Iターン者17名である。

うちIターンの年代構成は、30代10名、40代3名、50代3名、60

表1　ゆうきハートネット年代別会員数

年代	町内外計	うち白川町在住			アンケート回答者数
		小計	うち地元・Uターン	うちIターン	
20代	1	0	0	0	0
30代	17	10	0	10	3
40代	4	4	1	3	4
50代	3	3	0	3	0
60代以上	19	18	17	1	8
計	44	35	18	17	15

資料：ゆうきハートネット提供 2019年7月現在

代以上1名と若い。移住前の居住地別人数は、岐阜県内5名、愛知県7名、関東圏5名である。

役員は、理事6名、監事2名からなる。地区別には切井1名、下佐見2名、黒川5名と、黒川が多い。理事長は地元組の佐伯薫氏が務めている[1]。同氏以外の理事は、4名がIターン者、1名がUターン者である。若い移住者就農者が組織運営にも関り、SNS発信など多様な活動を展開している。

（2）有機農業生産者の経営の状況

ゆうきハートネットが行ったアンケート結果（回答15名：30代3名、40代4名、60代以上8名）から有機農業経営の現状の特徴を整理する。回答した経営者の平均年齢は57歳、平均労働力人数は1・4名、平均経営面積は96ａである。

ほとんどの農家が水稲を栽培し、これに大豆、野菜、椎茸などを複合的に経営している（**表2**）。販売先は、直接販売53％、宅配便53％、直売所33％など直売が主流であるが、共同での出荷も始まっている。農閑期に仕事をしている農家は67％と、多くが兼業農家であり、それは林業のほか多種にわたる。家族1～2名による複合での半農半Xが有機農業経営の主たる経営形態である。

表2　有機農業生産者の経営概要

【経営品目】水稲 93%、大豆 47%、野菜 40%、椎茸 33%、茶 7%
【販売先】直接販売 53%、宅配便 53%、直売所 33%、軒先販売 20%、市場 13%、トラスト 13%、組合・部会 13%
【農閑期の仕事】している 67%、していない 23%
林業 20%、大工、介護職、農産加工

資料：「ゆうきハートネット」会員アンケート結果（2019年）より作成、以下同。

有機農業の栽培上の問題点として、「収量が少ない」とする農家割合が80％と圧倒的に多い（**表3**）。それが「収入が少ない」（67％）という経営上の問題にも直結しているものと思われる。また販売先として直接販売が多いことから「運賃が高い」（47％）こと、また「販路が不足している」（40％）ことを流通上の主たる問題点としている。

5年後の生産目標は、現状維持53％、規模拡大33％である。若手農家は規模拡大を志向する意向がある。しかし、5年後の経営品目数の意向としては、現状維持60％、品目を絞る27％、品目を増やす7％であり、品目を絞る傾向がみられる。また地域や団体として取り組む課題としては、販路の確保73％、新規就農者の確保40％、経営規模拡大20％と、販路の確保を最も重視している（**表4**）。販路の確保としては、「団体として販路開拓」が73％と多くなっている。これまでの少量多品目生産から、共同出荷による「中量中品目」への転換を志向している。

表3　有機農業の諸問題点

【経営上の問題点】収入が少ない 67％、労働力不足 47％、経費がかかる 47％、休日がない 33％、資金不足 20％、施設・機械の老朽化 13％、農地の不足 0％
【栽培上の問題点】収量が少ない 80％、適正な生育が維持できない 20％、病害虫の多発 20％、鳥獣害の多発 7％
【流通上の問題】運賃が高い 47％、販路が足りない 40％、調整や梱包に手間がかかる 33％、流通資材が高い 7％

表4　有機農業のため地域や団体として取り組む課題

【販路の確保 73％】団体として販路開拓 73％、個人経営の強化 20％
【新規就農者の確保 40％】給付金・補助金 20％、生活面の支援 20％、研修制度 13％、仲間づくり 13％
【経営規模拡大 20％】優良農地の斡旋 13％、機械化、共同作業 13％

（3）移住就農者の有機農業経営の特徴

白川町で新規に有機農業を開始した移住就農者は、それぞれの想いをもち半農半Xで、複合的な農業経営を行っている。本書の新規就農執筆者4名は、白川町の自然と人に魅せられ、脱サラし30歳代で県外から移住して有機農業を開始している。4名の出身地は、岐阜県内が1名で、3名は県外で、うち2名は関東・東北である（表5）。大学院修士課程修了者が3名、学部卒者が1名と学歴が高い。農学系は1名のみで、工学系が3名である。それぞれ専門を生かした職業につき、大きな不満もなく仕事をしていていたが、より自分らしい生き方を求めて脱サラし、新規で有業農業を開始した。もともと自然志向が強く、学生時代や余暇を利用しての自然体験や農業体験がベースにある。リーマンショック、東日本大震災などの大きな自然災害や、社会的出来事も、転職のきっかけとなっているようであり、こうしたなかで自然志向の尊さを説く書物との出会いが決断の引き金となることもあるようだ。白川町にある豊かな自然、有機農業の条件、人のぬくもりなどが、移住地の決め手となっている。

概ね10年のサラリーマン勤務を経て、２０１０～２０１５年の間に、31～37歳の時に白川町に移住就農している⑵ 3名は家族とともに移住している。1名の単身移住者は、移住後に結婚した。移住地区は、黒川3名、下佐見1名で、町の中心部からは離れている。

半農半Xとはいえ、複合的な有機農業経営が生活の柱である。経営面積は60～１６５ａで、町内では大きいほうであるが、いわゆる大規模経営ではない。水稲＋野菜＋αの営農類型である。水稲は30～１４０ａ、野菜は25～70ａの面積を栽培している。野菜の栽培品目数は、30～50品目に及び、少量多品目

表５　白川町への移住青年農業者の有機農業経営等の概要

		伊藤和徳氏	児嶋健氏	椎名啓氏	高谷裕一郎氏
出身県		愛知県	岐阜県	茨城県	秋田県
白川町への移住就農年		2010 年	2012 年	2013 年	2015 年
同上就農時年齢		31 歳	31 歳	32 歳	37 歳
移住人		単身	家族	家族	家族
移住地区		黒川	黒川	下佐見	黒川
農園名称		和ごころ農園	暮らすファーム Sunpo	田と山	五段農園
ミッション・特色		環を大切に、笑顔を食卓に、大志を抱いて	田舎の豊かな生活と都会とをつなげ、自給的な暮らしを目指す	半農・半林で、田や山を荒らさずここで暮らす	培養土による分業で有機農業の普及を図る
経営面積		140a	150a	165a	6 0 a
生産	水稲	70a	50a	140a	30a
	野菜	70a	40a	25a	30a
		50 品目（無肥料自然栽培、自家採種）	30 品目：大豆、落花生、里芋	エゴマ、豆	40 品目
	α	3 年番茶	花 5a	椎茸 3000 本 山菜	椎茸 1000 本 有機野菜苗
販売	販売先	宅配 65%、 オアシス 25% 農業体験 10%	旬楽膳、飲食店	宅配 3 割、 オアシス 7 割	宅配 5 割、 培養土 3 割、 苗 2 割
	うちオアシス 21 朝市村	月 2 回、年 20 回	2018 年まで出店	秋～春　月 3 回程度	
半 X	実施事業	加工品	ショップ、マルシェ開設運営	間伐、罠猟	有機培養土
	農業体験・自然体験事業	食育菜園 森を想うプロジェクト	アクティビティ事業：沢登、バーベキュー	棚田の田守りさん制度、里山のようちえん	有機農業講座講師

資料：2019 年 8 月ヒアリングなどをもとに筆者作成

の生産を行っている。野菜の販売方法は、直売所での販売、宅配など直接販売が中心で、一部スーパーへの共同出荷を開始している。オアシス21朝市村への出荷者は、現在は2名である。α部門としては、茶、花、椎茸、有機野菜苗などの生産を行っている。移住就農にあたってはゆうきハートネット会員農家から手厚い技術支援、定住支援が行われている。現在は、ゆうきハートネットの運営にも4名（理事3名、監事1名）とも関わっている。白川町での有機農業の数年の経験を経て、その牽引役として期待されてきている。

農業生産以外に、加工品製造、店舗開設、培養土製造などの事業を行ったり、間伐・罠猟などの用務に従事したりしている。また、農業体験、自然体験を事業として展開している経営も多い。これらの経営は白川町における新規就農による典型的な有機農業経営モデルである。規模拡大に大きな制約のある山村地域における新規就農モデルといってもいいだろう。

4経営とも、ミッションを表現した農園名をつけている。全員がホームページを立ち上げており、情報発信を行い顧客の獲得にも務めている。

4　白川町における有機農業と地域づくり

(1) 白川町の有機農業を支える仕組み

白川町の有機農業は、NPO法人ゆうきハートネット会員とその活動を核として営まれ、関係する団体との連携により支えられ展開している（図1）。名古屋市を中心とする都市部の消費者との交流を通じて販路が確保されている。「くらしを耕す会」、「土こやしの会」との交流を嚆矢とし、有機農業生産者・生産量の増加にともない「旬楽膳」など連携先が広がってきている。有機農産物の共同出荷体制も組まれてきた。都市住民との交流の広がりのなかで、郷蔵米生産組合、大豆畑トラスト、はさ掛けトラストが順次組織され、ハートネット会員による多様な活動が実施されている。またオーガニックファーマーズ名古屋との連携により、有機農産物の販路が拡大し、移住希望者との接点も拡張された。町での農業体験・研修を経て、有機農業での新規移住就農者を迎え入れている。県のあすなろ農業塾の協力により有機農業者の就農研修が実施されている。町農林課では有機農

図１　ゆうきハートネットの関係団体との関連図

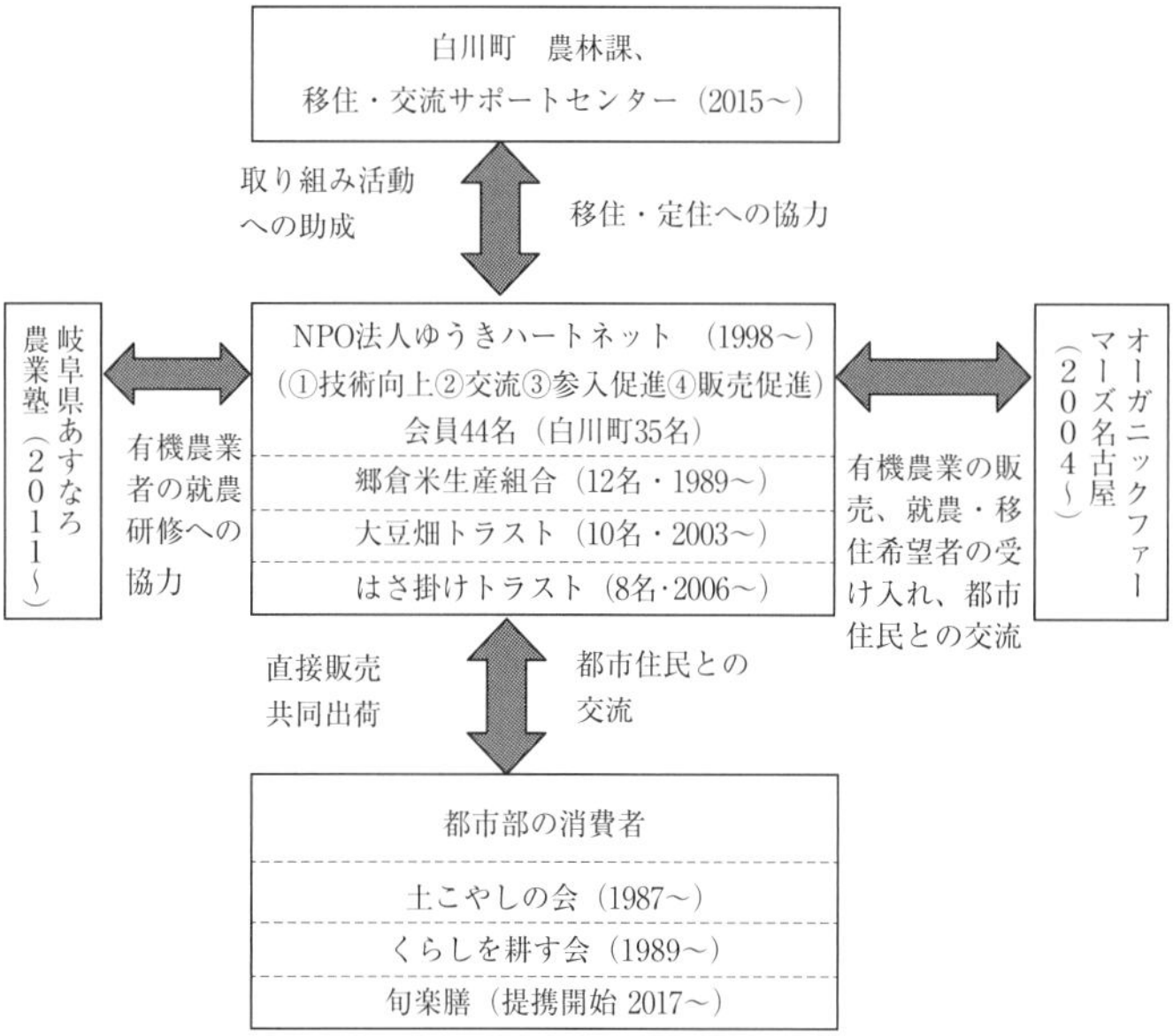

資料：ゆうきハートネット資料等をもとに筆者作成

業の取り組みへ助成を行ってきている。また町で移住・交流サポートセンターを設置し、白川町への移住・定住のための支援を行ってきている。

(2) 白川町への移住支援

町で有機農業を始めた青年農業者は他地区からの移住者である。新規就農のために、農地と家探しから始める。ゆうきハートネットは新規就農者の参入のために、町内への移住定住支援活動を行ってきた。とりわけ「西尾不動産」(2章)と評されるように、事務局を務めている西尾氏の果たしてきた役割は大きい。地元での信頼をもとに、就農に適する農地と住む家を移住就農者のために仲立ちしてきた。白川町への移住就農が始まった当初は、人伝いで農地と家を借り入れ、営農が開始された。

町への移住・交流希望の増加にともない、町役場でもそれへのサポートを開始した。白川町移住・交流サポートセンターは、移住・空き家に関する相談を実施するとともに、空き家バンク運営、仕事情報発信、移住関連施設管理を行っている。スタッフに集落支援員3名、地域おこし協力隊5名を配置し、地域での活動も行っている。

表6　空き家バンクの登録と移住の状況(白川町)

年度	空き家バンク登録数	移住の状況		
		世帯数	人数	うち中学生
	(件)	(世帯)	(人)	(人)
2015	22	7	15	3
2016	26	17	30	6
2017	52	13	35	10
2018	58	15	28	3
計		52	108	22

資料：白川町移住・交流サポートセンター資料より作成。

2018年度は96件の相談があり、15世帯28人が移住している。空き家の相談は32件あった。これらの活動を通じ2015～2018年度の4年間で、計52世帯108名が町に移住している（表6）。うち22名が中学生以下であり、子育て世代の移住も一定数含まれる。

同センターは2019年に一般社団法人となり、活動体制を強化している。また白川町に住むための5つの心得をまとめ、円滑な定住をサポートしている。その心得とは1・集落の一員になること、2・うわさ話に留意すること、3・困りごとは集落の人に頼ること、3・車・草刈機・暖房器具を備えること、5・足るを知り、不便を楽しむことである。町では、空き家の購入や賃貸の費用への補助とともに、改修に対しても一部補助を行い、移住者を支援している。これに加え、妊婦合同・乳幼児学校の開催、保育料無料化、奨学金返還補助、子ども医療費助成など、子育て支援も行っている。

（3）新規移住就農者の地域での活動

移住就農者はゆうきハートネット等の支援により、農地と住居がスムーズに確保される。また地域への橋渡しも行うことにより地域へも溶け込んでいる。移住世帯の全てが消防団に加入し、また地歌舞伎など地域の伝統文化活動にも参加するなど、積極的に地域活動に取り組んできている。

移住者世帯では、白川町内で14名の子が誕生している。子どもがいなくなった集落で、子どもが誕生することにより、集落全体で子どもを見守る機運ができた。それが集落内での交流の機会ともなり、活気がでてきている。

また、5名が白川町内の3つの営農組合でオペレーターとして従事している。高齢化が進む山村集落で、若い移住者は機械作業の担い手としても活動を開始している。冬場の農閑期には、農家からの依頼を受け作物の生育に支障となる山林の伐採作業も行っている。

移住農家では女性の活躍も顕著である。農作業体験イベント、自然体験イベントは夫婦が協力して実施しているところが多い。また、子育てをしながら料理教室や農家カフェを開設したり、掛け米などの発案をしたりなど多方面で女性が活躍している。

5　まとめ―有機農業による山村地域の新たなビジネスモデルの創造―

1998年に黒川地区の40~50代の農業者10名で結成されたゆうきハートネットは、会員44名（うち白川町35名）まで増加し、うち青年移住就農者が18名を占めるまでになった。山間地という地域条件を活用し、持続性に優れる有機農業の将来性に期待した。

田園回帰志向の強まり、有機農業推進法の制定、オアシス21朝市村の開設などの追い風をうけ、地元生産者、都市消費者、移住者、行政がうまく連携を図ることで、白川町への有機農業による移住が進んだ。4つの活動（1・生産・経営面での技術向上、2・交流による消費者の農業理解の深まり、3・新規就農者の参入促進と町内定住支援、4・有機農産物の販売促進）が、有機農業の里づくりの柱である。地元で長年培われてきた「結の精神」が、これら関係者の間で有機的に共鳴しあって有機農業の生産体制が確立してきた。

移住就農青年は、もともと田園回帰の志向を有していた。それぞれの想いをもって白川町に移住し、自らの有機農業経営を作り上げてきている。農業のほか、林業など半農半Xでの就業形態が多い(3)。また有機農業の営農類型としては、米+野菜+αの複合経営が多い。こうした半農半X・複合経営により、中小規模で有機農業を営んでいる。先輩農業者による技術指導、研修を経て有機農業技術を習得している。収量と所得を向上させることが経営の課題であり、そのため規模拡大を志向する傾向がある。佐見地区、黒川地区では、整備された圃場は集落営農により効率的に農業生産が行われている(4)。環境に配慮した農業を進め、これら農地の一部を有機農業ゾーンなどとして利用していけば、有機農家の規模拡大の契機ともなる。若手の有機農家が集落営農のオペレーターとしての活動などを続け、さらに地域との関係が深まっていけば、そうしたことも選択肢となる可能性が出てくるのではないか。

有機農産物の販売は、消費者への直接販売が多い。野菜の栽培品目は数十種類に及ぶ。消費者との交流を重視し、環境に配慮した農業への理解を深めてもらっている(5)。近年、有機野菜取り扱いスーパーとの取引が開始され、多品目少量から中品目・中量生産による共同出荷など、新たな動きがみられる。

地元は移住者の受け入れには寛容であり、ゆうきハートネット会員の支援を得て、移住者の地元定着が比較的スムーズに進んでいる。移住者は自分たちを受け入れてくれた地域の方々に感謝の念をいだき、ぬくもりを大事にしながら、地域活動にも積極的に関わってきている。また地元民とともに山村資源管理など地域課題に取り組んできている。

こうした新規の移住者が希望に満ちた充実した有機農業経営を生き生きと実践する姿は、移住を考えている者の目にもとまり、新たな移住者を呼び込むことに繋がっている。先行して移住した有機農家が、新たに移住する農業者をサポートするという良い関係が作られている。土地にあった有機農業技術に加え、有機農産物の販売方法、消費者との交流の在り方など、多岐にわたり先輩移住者から新たな移住者への情報伝達と支援が行われている。それを地域全体が結の精神で支えている。地域の条件を最大限に活用しながら、人と人とのつながりの中で、有機農業の里が築かれてきている(6)。田園回帰時代の山村地域における農業の新たなビジネスモデルが創造されている。

注

(1)佐伯氏は、移住者は地域をかえる起爆剤になること、そのための受け皿づくりを強化する必要があると抱負を述べている。「有機農業希望するIターン者と地元の橋渡し役」『日本農業新聞』２０１９年7月15日付。

(2)この時期の有機による新規就農は、谷口（２０１８）が指摘する「有機農業の第4の波」ともとらえることができる。有機農業の共有財産化と飛躍的増大、多様化が特徴である。なお、同時期の白川町をはじめとした移住就農の状況については図司（２０１９）などに詳しい。

(3)周知のように山間地域では農業と林業との組み合わせによる半農半Xでの就業が一般的であった。白樫ら（２００８）で整理されている飛騨川上流部に位置する和良村の農業就業形態でもそれは確認できる。林業にかかわるものとして多様なXが創造されてきていることに白川町の特徴がある。吉野氏はそれを「農的X」（補論）と表現する。

(4)白川町の集落営農については荒井（２０１７）（２０２０）参照。なお、5章・椎名氏が経営する棚田のある室山での集落営農組織化の取り組みについては、荒井他（２０１２）に詳しい。

(5)有機農家が販売力をつけるためには、「信頼関係の確立が全ての基本」であると吉野氏は指摘する。吉野隆子「さまざまな販路の見つけ方と販路の長所・短所」（涌井他（２０１９）所収）。
（6）谷口らは、「有機農業が社会的な問題の解決に貢献することを通じて地域に、社会に広がっていく動き」を「社会化」ととらえ、有機農業が地域づくりと地域活性化に寄与することを指摘している。谷口・尾島・大江・相川「有機農業と地域づくり」（澤登ら２０１９所収）

文献

荒井聡他（２０１２）『中山間地域における小規模・高齢化農業集落での集落営農の進め方』岐阜県集落営農組織化サポート事業委託業務報告書。

荒井聡（２０１７）『米政策改革による水田農業の変貌と集落営農―兼業農業地帯・岐阜からのアプローチ―』筑波書房。

荒井聡（２０２１）「転換期を迎えた集落営農――広域連携、土地持ち非農家の主体化で果たす集落営農の新たな役割」、農業と経済87（１）80～87。

澤登早苗・小松崎将一編著（２０１９）『有機農業大全　持続可能な農の技術と思想』コモンズ。

白樫 久・今井 健・山崎 仁朗編著（２００８）『中山間地域は再生するか―郡上和良からの報告と提言―』アカデミア出版会。

谷口吉光（２０１８）「有機農業の「第４の波」がやってきた」（ＮＰＯ法人有機農業参入促進協議会『有機農業をはじめよう！農業経営力を養うために』所収）。

涌井義郎・藤田正雄・吉野隆子・大江正章（２０１９）『有機農業をはじめよう　研修から営農開始まで』コモンズ。

図司直也（２０１９）『就村からなりわい就農へ』筑波書房。

（付記）

本稿とりまとめにあたり、本書執筆者、及び中島克己氏からは多大なるご教示をいただいた。また白川町農林課、白川町移住交流サポートセンターの方々にもご協力いただいた。提供いただいた資料・知見などをもとに本稿をとりまとめている。記して感謝申し上げたい。

あとがき

――中島 紀一

岐阜県白川町は、有機農業を軸とした農村と都市をつなぐ地域活動の優れた事例としてすでによく知られている。その活動に関して、名古屋の「オアシス21 朝市村」は２０１６年に日本農業賞食の架け橋部門で農林水産大臣賞を受賞し、白川町の「ゆうきハートネット」は「豊かなむらづくり」で２０１９年に総理大臣賞を受賞している。

この本は、30年にわたる白川町の取り組みについて、農村側の経緯を地元の西尾勝治さんが、都市側について名古屋の吉野隆子さんが詳しく説明し、それらの活動支援の中で、都市から白川町に移住し新規就農者として暮らしを始めた伊藤和徳さん、児島健さん、椎名啓さん、高谷裕一郎さんがそれぞれの家族の経験をドラマのように紹介している。そして最後に農村問題研究者の荒井聡さんが、その社会的、農業的意味や構造について体系的な位置づけを書いている。まことに適切で整ったリポートである。そして読みやすく、ワクワクするほど面白い。

本書は以上のようなものなので、ここで私が何かを言ったとしても、それは文字通り蛇足にしかならない。しかし、私も白川町の有機農業とのお付き合いも長く、編著者の西尾さんや吉野さんとは個人的にも親しく、この本の取りまとめを研究者仲間である荒井さんに提案したという事情もあるので、お勧めに甘えて、蛇足とは知りつつ、本書の記述に学びつついくつか私見を述べさせいただくことにした。

〈白川町有機農業の歩みの仕組み〉

白川町の地域づくりの経過を読んで感心することは、取り組みが多面的総合的だということだ。一つ一つの活動は、多くは普通のことだが、それが他の取り組みとつながっており、総合的な仕組みが前向きに組み立てられてきた。

まず、地域の有機農業に関しては、地元には古くからの農家と新規参入農家がともに参加する「ゆうきハートネット」が活動している。そこが主な軸となって白川町の地域社会と多面的に連携してきた。都市の側では名古屋の中心街に「オアシス21　オーガニックファーマーズ朝市村」が定期開催され、そこが健康志向、田舎志向、自然志向の都市住民と白川町有機農業農家との出会いの場となり、白川町へのアプローチの誘導役を果たしてきた。そして、新規参入の農家たちは、こうした地元と都市の両方の支援セクターと関係しながら、田舎参入についての様々な困難についての解決策を見付け、その過程で親密な仲間作りも進んでいった。そうしたなかで重層的でかなり錯綜した人々の関係、大きくみれば新しい地域社会がつくられつつある。そこでの基本原理は、個人の意志や価値観の尊重、出入り自由の開放性、そして地元地域社会への敬意などが置かれてきた。

地元側のことでは、新規参入者の受け入れとそのための体制づくりが大きな課題だった。

住む家をどうするのか、耕す土地をどうするのか、町内のどの地域を選ぶのか。いずれも難しさのある課題だが、地域事情を詳しく把握している西尾さんらの心優しい地元メンバーが、時間をかけて支援してきた。

都市の側では、「オアシス21　朝市村」のあり方に優れた特徴があった。

朝市村は、名古屋の中心街栄に毎週臨設される農産物直売店であり、各地の有機農業系の新規参入農家が持ち込む野菜類の味と鮮度に人気が集まっている。白川町の生産者たちもそのなかで重要な位置を占めている。毎週土曜日の朝、開店待ちのお客さんの行列ができる。毎週ここにつくられる明るい活気がすべての前提なのだろう。

朝市村は生産者と消費者が直接つながる商行為の場なのだから、そこでの取引状況をまずは問うべきだが、私はそれの詳細は知らない。しかし、確かに言えることは、そこが商行為を越えて、明るい繋がりの場となっている点である。

吉野隆子さんは、朝市村の企画提案者であり、その運営者であるが、彼女の思いは明らかに村の側に向けられている。彼女は、朝市の取り組みのなかで出合う都市市民たちの農への気付きを拾い上げ、それを生産者に繋ぎ、さらにはそれを村へと繋ごうとする。吉野さんの継続したこの取り組みが流れをつくっていった。

そして、有機農業、自然農法、自然豊かな新しい暮らし方を求めて白川町に移住してきた新規参入農家たちの取り組みがある。その数は18戸50名に及ぶという。農業には携わらないが都市から移住してきた方々がそのほかに多くおられるようだ。ここで白川町の特徴は、新規参入農業者が親密に、そして多面的に連携し、おおらかなコミュニティが形成されている点にある。それらの方々は個々バラバラではなくさまざまに繋がりあっているのだ。

新規参入農家の方々はおおよそ個性豊かで行動にはある程度の自在性がある。しかし、併せて地元の地域社会への敬意があり、その両立は地域参入の広がりの前提となっていたように思われる。意志が明確な彼ら、彼女らはまとまりやすくもあり、まとまりにくくもある。そこでのまとまりの組織論は、強くもあり、弱くもある。臨機応変な自在性があるのだ。農業に関しても、それぞれの自由なあり方を縛ることはないが、先輩農家たちへの敬意も明確にされており、ただ放任ということでもない。文化の面でも、自由な多様性を尊重しながらも、地元の伝統的な生活文化への同調、融和の姿勢はしっかりとあるようなのだ。吉野さんは白川町の新規参入農家たちには「恩送り」の思いがあると書いている。

こうした3つのセクターの、それぞれ特徴のある存在と連携という仕組み、ここに白川町有機農業の基本的な特質があると感じられる。

〈中品目中量生産〉

これは白川町ゆうきハートネットが作った造語であるらしい。「少品目大量生産」という市場経済の一般的あり方に対抗するものとして提携型有機農業では「多品目少量生産」というあり方が強調されてきた。白川町の有機農業においても後者が基本となっているが、地域における有機農業の広がりと充実の中で、個別を越えた組織的な量的な対応も必要とされるようになる。東海圏における品質重視の特徴ある量販店として知られる「旬楽膳」との取引も次第に本格化するなかで作られてきた農業経営イメージがこのように表現された。言い得て妙だと感じた。

そこでの産地形成ロジックは、系統農協における共販・共選・共計論とは違っている。しかし、最近注目されてきているＣＳＡ（community supported agriculture）とも違っている。ある程度の地域集積が進んだ有機農業産地が共通して模索しているあり方である。これからの幅広い充実が期待される。

〈段階的な歩みとそれに対応したイベントなどの展開〉

この本を読んでみると白川町の多彩な有機農業の全体は現在形としては捉えにくいが、歩みとして捉えれば解りやすいと感じられる。歩みは変化であり、白川町の場合には発展充実としてあった。西尾さん、吉野さんの解説、荒井さんの分析でも、そこにはいくつかの段階、画期があったとされている。

取り組みがあり、その継続と成熟は次への展開、ある種の飛躍も求めるようになる。白川町が発してきたメッセージやさまざまなイベントは、それぞれの画期と関連して設定されてきた。主なものを拾えば、「郷蔵米」「大豆トラスト」「はさ掛けトラスト」……。その過程で民間稲作研究所の稲葉光國さんからの有機稲作の指導があり、農と自然の研究所の宇根豊さんからの田んぼの生きもの観察の誘導があり、堆肥・育土研究所の橋本力男さんからの堆肥作りへの助言もあった。

さらに国などからの政策的支援では、有機農業推進法に基づいた「有機農業モデルタウン事業」に応募して採択され、「白川町有機の里つくり協議会」が２００９年に発足し、２０１０年には有機農業研修施設として「くわ山結びの家」が建設されている。こうした段階的な経過は荒井さんの解説でわかりやすく整理されている。

あげてみるとそれらのイベントや支援施策の項目は実に多彩である。それぞれの行事等には当然、それぞれの独自の位置づけや構想がある。しかし、それは固定的絶対的なものではなく、白川町における有機農業の地域作りのそれぞれの段階、それぞれの状況のなかで発想され、工夫されてきたものである。有機農業の地域作りのような先は見えにくいが創造的な取り組みにおいては、こうした段階性のある臨機応変な対応が大切だったと教えられた。

〈半農半Xとその展開〉

半農半Xという言葉は「京都府綾部市在住の塩見直紀氏が1990年代半ば頃から提唱してきたライフスタイル」だとされている。この本での4人の新規農家についての西尾さんと吉野さんのコメントはともに「半農半X」という言葉を軸に語られている。

この言葉はすでに提唱者の塩見さんから離れて現代的一般用語として一人歩きしており、そこに込められた意味内容は実に様々になっている。こうした中で西尾さんも吉野さんも半農半Xが白川町の新規参入農家の典型的なあり方だとした上で、しかし、白川町の半農半Xは、このことばの一般的なイメージよりも、地域に根ざした伝統農村的な暮らし方にシフトしていく流れとなっていると語っている。

塩見さんは四半世紀ほど前に、田舎移住者たちの無理のない暮らし方としてこの言葉を提唱されたようだ。ここで大切だったことは「あまり無理をしない」という視点だったと思われる。その頃、農業を求める新規移住者の典型的なあり方は「専業農家」志向だった。しかし、新規参入者がすぐに専業農家として生きることは、農業の実際の面でも、暮らし方という点でも、さまざまな無理が生じがちだった。そんな時に塩見さんは、あまり肩肘張らずに、専業が無理なら兼業でもいいではないか。そしてその兼業も、農村地域にある兼業機会への参加だけでなく、都市的な仕事の持ち込みも案外好いようだとの提案をされたのだと思う。コロナ禍の下でのリモート就業の広がりで、現在ではそんなあり方も普通のこととなっているが。

白川町での「半農半X」もこんなところからのスタートだったのだろうが、それは入口であって、新規参入者たちのさまざまな取り組みの中で、彼ら彼女らの半Xは次第に在地的、伝統的なものへとシフトし、農とXはバラバラではなく、相互に関連しあう方向へと変化してきていると西尾さんも吉野さんも述べている。それは、稼ぎの視点だけでなく、地域の生活文化の領域にも広がってきている。そこには、彼ら彼女らの田舎暮らしの充実を読み取ることも出来るようだ。

ここで付言すれば「専業農家」「兼業農家」という区分は元々は統計調査の整理概念として提唱されたもので、農村地域の人々の暮らし方について、本質的な類型論として設定されたものではなかったことは指摘しておきたい。この二つの農家類型だけで農家を分類してしまうことにはもともと無理があり、この二つの言葉の機械的な適用は、実態ともいろいろな面で食い違っていた。

「専業農家」「兼業農家」という対立概念に囚われる必要はないという塩見さんの適切な提言も受けて、白川町では、新規参入農家たちのさまざまな模索のなかから、これからの時代の新しい農家のあり方が多彩に作られてきていると考えられるように思う。

〈これからの農村地域社会像――農村市民社会論の提唱〉

ここまでは、本書から私が学び考えたことの紹介だった。しかし、ほんとうの大課題はそこから先のことだろう。白川町での有機農業を一つの軸としたこうした歩みも踏まえて、これからの農村地域社会の将来ビジョンをどのように想定していくのかという課題である。

新型コロナウイルス感染症の広がりのなかで、コロナ禍という言葉が現代社会を規定するキィワードとされるようになっている。コロナ禍は時代論として何を意味しているのだろうか。状況は複雑で、考えるべき範囲も広いのだから、それを一言で示すことなどはとてもできない。

ただ、今の時点で確認できる重要なことは、新型コロナウイルス感染症は、ほぼ完全に都市の構造的病であり、自然と敵対し、そこからの隔離を求めていく対応だけでは先は見えてこないという点である。対して農村にもその感染は広がってきているが、しかし、そこにはこの感染症を作り出し、拡げていく社会構造は見当たらない。農村では、自然に囲まれた暮らし方が続いており、人々の健康はそこで持続されている。共助・互恵を基本とした地域社会のあり方はそんな暮らし方を支えている。

人々はこうしたコロナ禍の構造に敏感に反応し始めており、大都市への人口集中ではなく地方移住が新しい流れとなってきている。地産地消のあり方にいっそうの人気が集まり、家庭菜園などはブームの様相も帯びつつある。

こうした新しい状況について私は「コロナ禍は農の時代を求めつつある」と述べてきた。この点について少し前に刊行した私の著書（『「自然と共に農業」への道を探る』２０２１年筑波書房）のあとがきに次のように書いた。

大都市が時代の仕組みを作り、農村は立ちおくれて疎外され、生きのびるためには大都市の周辺に自分たちの居所を見付けていくというのが、この60年間のおおよそのあり方だった。ところがコロナ禍の下で、農や農村の元気は継続し、大都市は、生きのびるために、自らの存在の基本構造を変えざるを得ず、農や農村との回路をさまざまに探り、それを見付けながら、農や農村の周辺に居場所を作ろうとする時代へと転換していく。いま現実にその転換に直面してきている。

さて、このような農の時代への転換が期待される時代状況の下で、白川町を含む日本の農村地域社会の未来ビジョンはどのように描かれるのか。こんな大課題について、この蛇足としてのあとがきでしっかりと論じられる訳はない。しかし、この議論の開始はできるだけ急ぐべきで、今の時点では、それは不十分な、部分的な問題提起であってもそれなりに意味を持つとも考えて、この場をお借りして、やや先走りだが私の意見を少し書いてみたい。

こうしたビジョン構想において、踏まえておきたい基本としては次の3点があるように思う。

第一は、暮らしの場として、その基本要素として自然を位置づけ、それとの共生的関係を暮らし方のなかで築いていくという方向である。

第二は、現在の日本の農業・農村の基本型は〈百姓とムラの農業体制＝小農制〉であり、それはすでに８００年ほどの歴史がある。未来ビジョンの構築においては、その伝統的あり方を尊重し、それを未来に活かすという方向が重要である。

第三は、敗戦、農地改革、日本国憲法、地方自治などの戦後民主主義の基本的枠組みを大切にして、そのなかで培われてきた市民社会的あり方の深化、発展、充実を、農村地域社会という場で目指すという方向である。

この3つの方向性には、それぞれ独自の歩みと論理があり、その融合は現実にはなかなか難しい。しかし、農村地域社会の未来ビジョンにおいてこの3点はいずれも外すことはできない。どれが欠けてもそれは豊かな未来とはならないだろう。

私はこうした未来像について、20年ほど前に「自然と共にある農村市民社会の形成」という方向性提起をしたことがあった。その頃にはほとんど賛同は得られなかったのだが、今の時点で見直すと、それなりに意味のある提案だったと考えている。その論文は、先に引いた私の近著に収録した。その折りに、農村地域社会と農村地域生活者の原像とその時代的成熟として次の10点をあげておいた。

①現代の農村地域にはさまざまな産業業種が立地しているが、何よりもそこに農業があり、あるいは林業、水産業などの第一次産業が立地している。そして、活力は著しく低下しているとは言えそれらの第一次産業を起点とする地場産業の産業連関構造を持っている。

②それらの農村的な産業群はいずれも地域の自然的風土的環境に強く規定された構造、特質を形成している。

③人々はそうした自然性の高い地域社会への定住（ほとんどの場合は数世代にわたる定住）を当たり前の生活規範としている。

④それ故に伝統性、安定性、持続性等の要素が社会規範として保持され、重視される。

⑤多くの場合、個々の暮らしのなかに農業や自然を持っており、自給的生活者、すなわち単なる消費者ではなく、自然性豊かな自立的生活者となることへの回路が開かれている。

⑥生産と生活が同じ地域内で営まれ、農業については多くの場合は生業として営まれ、生産と生活を生活者の視点から統一的に運営していく可能性が開かれている。
⑦個人は多くの場合は家族・世帯として生活しており、地域の社会関係は個人と個人の関係だけでなく、家族と家族の関係が重要な意味をもっている。
⑧地域の社会関係の基本は、顔見知り・相互理解関係であり、かなりの長期スパンでの相互信頼と互恵がベーシックな関係規範となっている。
⑨地域内に多世代の人々が定住的に生活しており、世代ごとそれぞれに社会的に、あるいは生活的に役割を果たす場があり、またその可能性が開かれている。
⑩都市とのさまざまな関係回路、ネットワークを持っており、閉じられた社会ではなくなっている。

20年前にこの提案をした時には、有機農業の新規参入者が今日の白川町のようにたくさん現れてくることは予測できていなかった。白川町の歩みと現在も踏まえて「自然と共にある農村市民社会の形成」について、未来ビジョンの方向性についての一つの提案として考えていただければと思う。

〈著者の西尾さんと吉野さんのこと〉

編著者の西尾さんと吉野さんについて最後に個人的な思い出を書いておきたい。

西尾勝治さんは私の大学時代（東京教育大学農学部）の1年先輩で、学生時代から親しくお世話をいただいてきた。西尾さんは、林学科林産化学研究室の所属で、炭焼き博士の岸本定吉先生から直接のご指導を受けた。私は、農学科総合農学研究室の所属で、菱沼達也先生からご指導いただいた。岸本先生と菱沼先生は共にリベラルヒューマニズムの方でその関係は実に親密だった。ちなみに、白川町での有機稲作を応援してくれた民間稲作研究所の稲葉光國さんも同窓の先輩で、農村経済学科農村教育学研究室の所属で、後に立教大学の総長となられた浜田陽太郎先生の指導を受けている。浜田先生も岸本・菱沼両先生のお仲間だった。

西尾さんの学生時代はサークル活動にも熱心で、文京区の下町工場地帯でのセツルメント活動に参加されていた。地域の子どもたちを対象とした世話役活動のサークルである。稲葉さんは西尾さんの2年先輩で、「ぼっこの会＝農業問題研究会」の設立メンバーで、このサークルの主な活動内容は農村セツルメントだった。この会の顧問は菱沼先生だった。稲葉さんは昨年秋に急逝された。まことに残念なことだ。

西尾さんは、大学卒業後、名古屋の高校で理科の教員となり、39歳の時に白川町黒川にUターンし、農と林を繋ぐ暮らしを始めている。名古屋時代にはお付き合いが途絶えていたが、Uターン後は時折、黒川を訪ねて、農林家としての西尾さんのいろいろ工夫のある暮らしぶりを見聞させてもらった。私の息子は京都で林業家（杣人）となっているが、学生時代には西尾さんの所で、実地研修もさせていただき、また、黒川でのかつての農家の山の利用についての調査もして、かなりしっかりしたリポートをまとめている。そのリポートは私の『野の道の農学論』（2015年筑波書房）に収録してある。

そうした西尾さんが白川町で仲間の方々とともに歩み、その記録を本書にまとめられたことは、後輩として何とも嬉しいことである。

次に吉野隆子さんのことである。本書の著者紹介と本文32ページにかなり詳しく書かれているが、神奈川にお住まいだった頃に東京農業大学に学士入学され、農業経済学の磯辺俊彦先生に師事され、それもきっかけになって有機農業農家らのさまざまな自主活動と出会い、全国産直産地リーダー協議会、日本有機農業学会、農を変えたい全国運動、ＮＰＯ法人全国有機農業推進協議会などの事務局をまったくのボランティアで支えて下さった。ここに挙げた４つの団体は、20世紀末から21世紀はじめ頃のこだわり産直や有機農業関係の運動で大きな役割を果たした。私はこの４つの団体ではかなり中心的な位置にいたが、吉野さんの献身的なご助力がなければとても活動は維持できなかったと思う。

本書に記されているように、吉野さんは白川町の有機農業の歩みにおいて優れたサポーター、コーディネーターとして実に大きな役割を果たされている。その前の時期には、有機農業等に係わる全国の民間団体を支える役割を果たされている。朝市村の活動はさまざまな表彰に輝いており、それは吉野さんにふさわしい栄誉だと、とても嬉しく感じている。

（なかじまきいち　１９４７年生まれ、茨城県石岡市在住、茨城大学名誉教授、専門は総合農学・農業技術論。主な著書は『「自然と共にある農業」への道を探る』２０２１年筑波書房、『野の道の農学論』２０１５年筑波書房、『有機農業の技術とは何か』２０１３年農文協、など）

関連する動き	白川町新規就農者数	
	新規就農者	うち有機農業
名古屋「土こやしの会」発足		
有機野菜・穀類「くらしを耕す会」スタート 50 名・由利厚子さん		
にんじん CLUB 事務局・吉野隆子さん（有機農産物宅配）		
	1	0
「オアシス 21」オープン	1	0
「中部よつ葉会」「土こやしの会」への呼びかけ	1	0
「オーガニックファーマーズ朝市村」設立・吉野隆子村長・月 2 回開催・出店農家 10 戸	3	0
	1	0
「有機農業の推進に関する法律」施行	0	
	1	1
オアシス 21「あいち有機農業フェスタ」	0	
「朝市村」毎週開催、「有機就農相談コーナー」開設	1	1
「朝市村」新規出店者を原則として「有機農業で新規就農した非農家出身者」に限定、夜間有機就農連続講座開始	1	1
県「あすなろ農業塾」就農希望者の受入開始	2	2
青年就農給付金制度開始・「朝市村」研修受入機関登録	2	1
	3	2
増田レポート・町「消滅可能性都市」県第一位	0	
環境保全型農業直接支払交付金開始（申請団体）	3	2
「朝市村」が日本農業賞食の架け橋の部大賞・農林水産大臣賞等受賞	3	2
公益財団法人「足ル知ル生活」子どもたちの農業体験開始 白川魅力発見塾スタート	2	2
「東座アーティストインレジデンス」発足	3	2
（一社）町「移住・交流サポートセンター」設立	1	1
新型コロナウィルス、朝市野菜宅配開始・名古屋市内限定 500 円		

年表　岐阜県加茂郡白川町の有機農業の歩み

時期区分	年	白川町の有機農業の動き
	1986	西尾勝治さん・好子さん家族Uターン（黒川）・木工関係
	1987	
	1988	
I期・始動期	1989	郷蔵米生産組合・有機水稲栽培開始・中島克己さん
	1990	
	1991	
	1992	
	1993	
	1994	
	1995	
	1996	
	1997	「流域自給を図る大豆畑トラスト」立ち上げ
II期・展開期	1998	「ゆうきハートネット」立ち上げ・10名
	1999	
	2000	西尾フォレストファーム設立・有機農業・55歳
	2001	
	2002	
	2003	「流域自給を図る大豆畑トラスト」大豆販売開始
	2004	民間稲作研究所方式で有機稲作の実践
	2005	
	2006	「はさ掛けトラスト」活動開始、ストローベイルハウス
	2007	
	2008	
	2009	「白川町有機の里づくり協議会」立ち上げ 国の「地域有機農業推進事業（モデルタウン事業）」・「地域有機農業施設整備事業」採択
	2010	有機農業研修施設「くわ山結びの家」完成 伊藤和徳さん移住
III期・発展期	2011	「ゆうきハートネット」NPO法人登録完成
	2012	児嶋健さん家族移住
	2013	椎名啓さん家族移住
	2014	県「あすなろ農業塾」に4名が有機農業担当塾長登録
	2015	高谷裕一郎さん家族移住
	2016	「里山からのおくりもの帖」12戸販売開始
	2017	有機農産物取扱スーパー旬楽膳との提携開始
	2018	町・農業研修交流施設「黒川Maruke」設置
	2019	「ゆうきハートネット」が「豊かな村づくり」内閣総理大臣賞受賞ーむらづくり部門ー
	2020	

資料：白川町役場、ゆうきハートネットなどの資料を基に荒井が作成

研修交流施設

くわ山結びの家
…岐阜県加茂郡白川町下佐見 2065

2009 年有機農業研修支援施設として建設。地域の有機農家と消費者の交流の場にもなっている。農業体験での短期、長期宿泊も可。
ホームページ
http://ja-jp.facebook.com/musubinoie/

黒川 Maruke（マルケ）
…岐阜県加茂郡白川町黒川 128-2

2018 年農業研修交流施設として建設。レストラン・カフェ・加工施設としても利用でき、地域の交流の場ともなっている。農業体験での短期、長期宿泊も可。
ホームページ
http://ku-sumu.wixsite.com/maruke

オーガニックカタログギフト

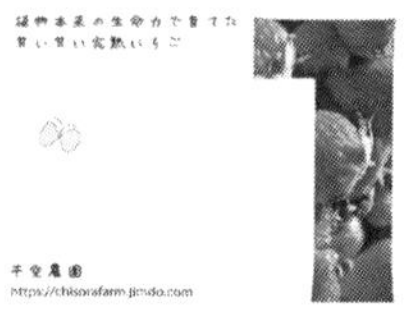

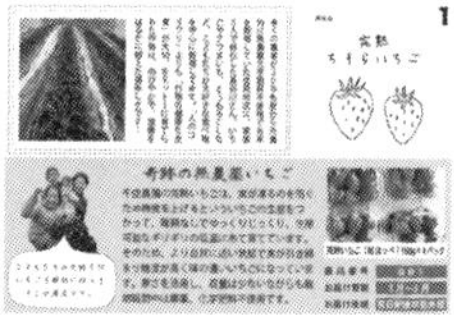

「美濃白川　里山からのおくりもの帖」

贈られた方がお好きな商品を選べるカタログギフト
里山からのおくりもの帖は、つくり手と産品が描かれた約 10 枚のカード。受け取った人が、一品を選んで申し込むと、つくり手から直接商品が届くしくみ。NPO 法人ゆうきハートネットが発行。
1 冊 3,900 円（2021 年 5 月現在）。
問い合わせ ku-sumu@xqe.biglobe.ne.jp

NPO 法人ゆうきハートネットの事業相関図

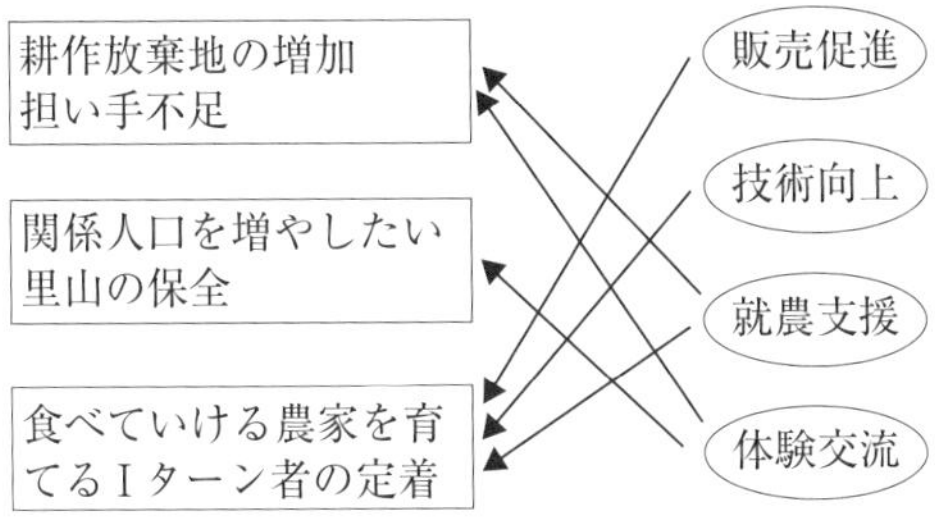

関連 WEB SITE

NPO 法人ゆうきハートネット
https://www.yuki-heartnet.org

白川町グリーンツーリズム協議会
https://www.itoshiki.fun/

白川町移住・交流サポートセンター
https://shirakawa-ijuu.com

白川町観光協会
http://kankou.town.shirakawa.gifu.jp/

一般社団法人アートアンサンブル白川
https://www.artens.org/

白川町
https://www.town.shirakawa.lg.jp/

ローカルランド黒川
https://ku-sumu.wixsite.com/kurokawa

編著者プロフィール

荒井　聡（あらいさとし）福島大学食農学類教授
1957年・福島県会津若松市生まれ。

東北大学大学院農学研究科博士後期課程修了、博士（農学）。

南九州大学教授、岐阜大学教授などを経て、2017年4月から福島大学教授、岐阜大学名誉教授。2019年より食農学類教授。

〈専門〉農業経営学、地域農業論。

2011年から2017年まで岐阜県農政審議会会長を務め、岐阜県の農業・農村振興にも関わる。

近著に『米政策改革による水田農業の変貌と集落営農』筑波書房（2017）などがある。有機農業に関しては「有機米の流通チァネルの展開に関する研究―インドネシア西スマトラ省の事例研究―」農業市場研究　25（1）2016年などの論文がある。

西尾 勝治（にしおまさはる）NPO法人ゆうきハートネット理事
1969年　東京教育大学農学部卒業　名古屋市で高校教員を経て39歳の時に岐阜県白川町にUターン、2種兼業農家となる。2000年、有機農業専業農家として55歳で西尾フォレストファーム設立。経営規模は、水稲50 a、畑作60 aのほか、椎茸の原木自然栽培でホダ木12,000本、山林10ha。
NPO法人ゆうきハートネット事務局担当理事として、任意団体設立時から有機の里づくりに取り組んでいる。

吉野 隆子（よしのたかこ）オーガニックファーマーズ名古屋代表
学習院大学文学部心理学科卒。三菱商事株式会社勤務後、夫の転勤で名古屋へ。NPO法人中部リサイクル運動市民の会（にんじんCLUB）スタッフ。神奈川に戻り、東京農業大学に学士入学。日本有機農業学会事務局を担う。2004年に再び名古屋へ転居し、オアシス21えこファーマーズ朝市村を立ち上げ、朝市村村長。日本農業新聞あいち通信部記者。2016年3月、朝市村が日本農業賞食の架け橋の部で大賞・農林水産大臣賞受賞、同年12月、愛知農業賞 担い手育成部門受賞。現在、NPO法人全国有機農業推進協議会理事、あいち有機農業推進ネットワーク副代表など。共著に「有機農業をはじめよう！ ―研修から営農開始まで」（コモンズ）など。

有機農業でつながり、地域に寄り添って暮らす
岐阜県白川町　ゆうきハートネットの歩み

2021年6月15日　第1版第1刷発行

編著者　荒井 聡・西尾 勝治・吉野 隆子
発行者　鶴見治彦
発行所　筑波書房
東京都新宿区神楽坂2－19 銀鈴会館
〒162－0825
電話03（3267）8599
郵便振替00150－3－39715
http://www.tsukuba-shobo.co.jp
定価はカバーに表示してあります

印刷／製本　中央精版印刷株式会社

ISBN978-4-8119-0603-4 C0061